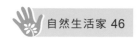
種子盆栽超好種

夾鏈袋催芽法 ● 破殼催芽法 ● 水苔催芽法 ● 變溫催芽法

晨星出版

作者序
張琦雯

　　這是我的第三本書，準備過程中時間拉得很長，這期間歷經了豆奶奶上天堂，家裡重心改變，身體健康不如過往等無法預期的狀況，由於下冊收錄的植物種子其發芽技法複雜難度增加，導致本書的進度慢了許多，再加上疫情期間無法出門拍攝植物等，讓我猶豫到底要不要繼續將書完成。

　　某天，在一個偶然的機會裡，看到親愛的阿爸天父送給我的話，其內容大致是：

親愛的神的兒女，

常常猶豫不知道要前進、後退或停止，

許多不確定感圍繞你，人生好像進入死蔭的幽谷。

在幽谷中不要懼怕，因為我與你同在。

要信心前行，我會保護你，

沒有接到我禁止的指令，就是勇敢向前行的機會。

宣告：「現在是勇敢向前的時候，我與主耶穌在幽谷中一同冒險前進。」

愛你的天父。

　　由於有了這段話的激勵，因此我決定縱使再艱難，也要繼續將這本書完成。

　　上一本《種子盆栽真有趣》以及本書共計收錄了約百種常見植物的發芽方式來做分享，由於種子盆栽的基本工具與技法在上一本書已講述過了，因此本書就不再贅述，而是直接針對收錄物種的發芽技法作說明。書中關於種植步驟示範皆為婉婷老師重新種植後拍攝，植物成品圖部分則是挑選出優秀的學生作品，除此之外，特別增加了婉婷老師的種子手作單元做分享，可說是為這本書的特色加分不少。

書中主角大多是日常生活中的常見植物，因此您可從目錄中檢索其種植技法，希望本書能讓喜歡種植的人，或是老是種不活植物的人，可以輕鬆種出自己想要的種子盆栽，願大家都能成為人人稱羨的綠手指。

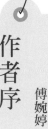

作者序 傅婉婷

去年《種子盆栽真有趣》一書出版時，正值 COVID-19 疫情嚴峻之際，受到疫情影響，很多人都被迫改變生活習慣，像是居家上班或視訊上課等，由於社交生活受到某種程度的節制，因此種子盆栽抒發了無法出門的苦悶。

《種子盆栽真有趣》一書，是指導大家讀懂植物的身體語言，從觀察種子盆栽的變化，進而學習種植技巧，而《種子盆栽超好種》則是針對不同性質的種子搭配不同的催芽方式，讓大家都能學會成功的催芽方法，進而種植出整齊又漂亮的種子盆栽，即使新手也能變綠手指。種子盆栽除了能美化居家環境，心情又能得到舒緩，從種植過程中獲得成就感與樂趣。除此之外，本書還示範了如何以種子作為創作元素，讓每顆種子蘊藏的生命能量，藉由巧思創作展現出模樣討喜具生命力的手作，也讓我們學習應當更加珍惜大地所賜予的寶物。

最後，感謝豆媽老師引領我進入種子盆栽世界，並參與本書的製作；感謝王偉聿老師在種子手作上的指導，以及所有教導過婉婷的老師們，開啟了我的植物之眼，讓我在種植之餘，有更多關於植物的知識養分灌溉我的種子森林，最後要感謝家人與朋友們一路的支持與陪伴，在此我也誠摯地邀請喜愛種子的您，一起來感受種子盆栽的魅力與種子手作的生命力。

目錄 CONTENTS

PART4
水苔催芽法

PART5
高溫催芽法

PART6
低溫催芽法

■ 種子 DIY

Lesson 1 直接種植法

Point 種植植物詳見《種子盆栽真有趣》

適用於體積小、帶翅膀、帶冠毛以及帶片狀的種子，不須泡水，直接種植即可。

體積小

去除果皮、果肉，洗淨陰乾約 20 ～ 30 分鐘後即可種植。（番石榴）

帶翅膀

去除翅膀即可種植。（青楓）

帶冠毛

去除冠毛即可種植。（沙漠玫瑰）

帶片狀

去除果殼取出種子即可種植。（緬梔）

Lesson 2 泡水催芽法

Point 種植植物詳見《種子盆栽真有趣》

種子利用泡水，破除發芽抑制物質，來達到發芽的方式，泡水天數約一～十四天不等，溫度決定泡水天數，冬天低溫泡水天數需拉長。注意種子泡水時的變化，若種子有變色、膨脹、種皮撐破時，即可直接種植。

1 處理完果皮的種子泡入水中，以淹過種子為基準，會膨脹的種子水可多一些。種子需每天輕輕搓揉，果肉最好要完全清洗乾淨，並每天換水。

2 包覆黏液或黏膜、不易清洗乾淨的種子，每天換水時可倒入網篩搓洗，反覆以上動作直到種子清洗乾淨。

3 泡水三天後，若種子浮在水面上表示體質不良，胚胎發育不全，請捨棄。然而有些種子浮起來也可種植，如馬拉巴栗，請參閱各個植物種子的基本泡水方式。

4　海漂植物的果實幾乎都有海綿體這項保護機制，就像游泳圈般，泡水會浮起來，這時可用重物壓住，確實泡水。

◆泡水時可能的變化

種子變色、膨脹。（阿勃勒）

種皮裂開。（大葉山欖）

外種皮脫落，內種皮被撐開裂。（掌葉蘋婆）

泡水後破壞發芽抑制物質，種皮軟化產生滑膩感，將它洗淨去除種皮。（羅望子）

有些種子泡水膨脹程度不一，這時可在泡水前，用花剪避開芽點稍微剪破種皮。

也可用粗砂紙避開芽點，略磨破種皮。

夾鏈袋催芽法

適用於發芽時間需要較長的小種子，或是種子芽點不確定的種子。將泡水後的種子，利用夾鏈袋來保持發芽所需之溼度，進而達到發芽的方式。

1 種子泡水後先用布擦乾，再放入夾鏈袋中，種子數量約占夾鏈袋一半比較適當。

2 夾鏈袋裡只能有水氣不能有水珠，否則種子容易爛掉。

3 約五～七天打開夾鏈袋，更換新鮮空氣。

4 當夾鏈袋呈現真空，表示沒有空氣，這樣是無法發芽的，要留意。

5 若夾鏈袋裡沒有水氣，要適時噴水補充，保持溼度。

6 當種子發芽長度超過0.5～2公分，且數量超過2／3時，即可土耕；若要水耕，可移至水苔繼續養根，待根長度約5公分以上，就可以水耕。

7 悶芽時要經常檢查，若有發霉的情形，需拿出來清洗才能再度悶芽，若再發霉一次，就把發霉種子捨棄。

破殼催芽法

果實（即果皮）與種皮具有保護種子機制，遇到休眠保護機制強而不易發芽，這時破殼法就是打破種子休眠機制的催芽方法。

| 薄硬種皮 |　示範植物：孔雀豆

1 用指甲刀將種皮略剪破一個小洞，須避開黑色芽點處。

2 泡水泡到種仁膨脹、種皮軟化。

3 待白色種仁微露，即可種植。

| 厚硬種殼 |　示範植物：芒果

1 用剪刀順著種殼邊緣剪開，即可用手掰開厚硬的種殼。

2 將種子取出。

3 種子泡水三天，將薄質的種皮清除乾淨，即可催芽種植。

夾鏈袋催芽法、破殼催芽法

水苔催芽法

適用於大的或發芽時間較長的種子。將泡水後的種子利用水苔來維持種子的溼度,進而達到發芽的方式。

1 取適量水苔,泡水時要挑除水苔裡的枯枝、枯葉等雜物。

2 泡水 10 分鐘後擰乾,放入透明盒裡(約八分滿),勿擠壓,呈蓬鬆狀態即可。

3 將芽點朝下放置水苔上。

4 接著蓋上蓋子,等待發芽。

5 貼上標籤,註明悶芽日期。

6 透明盒上有微微水氣是悶芽過程中的正常狀態。

種子放水苔上,不蓋蓋子的情況

7 若無水氣,則要適時噴水維持溼度。

種仁較大顆。(酪梨)

種仁容易腐爛的。(蘋婆)

◆埋苔及注意事項

長期悶芽的水苔，建議至少三個月整理一次，若是悶到種子爛掉的水苔，要馬上進行殺菌消毒。使用過的水苔，清洗乾淨後可在大太陽底下曝晒殺菌，或將水苔放入鍋中煮沸 10 ～ 15 分鐘，再泡冷水清洗，即可重覆使用。

種子芽點不確定或是要保持溼度均衡的種子，如棕櫚科的大型種子、殼斗科石櫟屬植物等，可在盆器裡放八分滿的水苔，種子平放後，再鋪上一層薄薄的水苔蓋住種子。

多纖維的處理：
遇到像是棕櫚科這種纖維多的植物，水苔要乾一點。（檳榔）

不確定芽點的：
大戟科油桐屬的種子先橫放，等芽點處的種殼裂開後，再直立悶芽。（千年桐）

種子產生黏液：
有些植物會有黃色黏液產生，但無妨，悶芽過程中種仁會變色，也屬正常現象。（瓊崖海棠）

水苔太溼、果皮、果肉沒清乾淨或種子先天不良的，容易造成發霉，須儘快移除。

麥飯石催芽法

適用於硬實種皮的種子，如石栗、霸王櫚。將泡水後的種子利用麥飯石的導熱特性，達到發芽的方式。使用過的麥飯石，清洗過後可重覆使用。

示範植物：霸王櫚

1 麥飯石裡面有雜質與細沙，須確實清洗直到水變清澈為止，方能使用。

2 清洗乾淨後晾乾的麥飯石放入悶芽容器的一半高度，若用玻璃材質，導熱更快。

3 悶芽種子芽點朝下，水量約麥飯石高度的七分滿，蓋上蓋子。

4 放置在可晒到太陽的地方，晚上不需拿進室內，利用早晚的溫度差異，有利種子發芽。

5 若無陽光，可放在溫暖的地方，像是電腦主機上、飲水機旁等環境，待長根後，即可種植。

6 若種子發霉，請捨棄。

變溫催芽法

適用於對溫度敏感與發芽時間長的種子。

將泡水後的種子,利用低溫來達到發芽的方式,如山櫻、梅及部分殼斗科石櫟屬、松科與柏科植物。

示範植物:梅

1 種子泡水後擦乾。

2 廚房紙巾噴微溼,將種子包覆起來。

3 將包有種子的溼紙巾放入夾鏈袋裡密封,再整包放入冰箱冷藏。

4 要隨時觀察種子發芽情形,已經長根的種子即可取出種植。

5 若有發霉的種子請捨棄。

適用於對高溫敏感的種子。

將泡水後的種子利用高溫達到發芽的方式,如蓮蕉、月桃。

示範植物:月桃

1 泡水三天。

2 每天換水時,將種子倒入網篩,利用網篩磨擦去除白色薄膜。

3 泡水後,用 100℃ 熱水浸泡 1 分鐘,然後將種子換冷水浸泡二天,即可直接種植。

麥飯石催芽法、變溫催芽法

酒瓶蘭
Beaucarnea recurvata

Data /

科　名	天門冬科（龍舌蘭科）
別　名	象腿樹
催芽方法	夾鏈袋催芽法
泡水時間	7 天
催芽時間	約 1～2 週
種子保存方法	帶殼常溫保存
熟果季	□春 ☑夏 ☑秋 □冬
適合種植方式	☑土耕 □水耕
種子保存	☑可 □不可
照顧難易度	★☆☆☆☆
日照強度	★★★★★

植物簡介

常綠喬木。

莖直立呈灰褐色，基部肥
大，狀似酒瓶；老株表皮
粗糙龜裂，呈龜甲狀。

葉為頂部叢生。

花白色，圓錐花序，雌雄同株。

熟果。

盆栽輕鬆種

熟果
果實為咖啡色。

1 去除果皮後，種子為淺咖啡色。

2　種子泡水七天，每天換水，到了第三天，若有種子浮在水面的請捨棄。種子泡水後會略膨脹，顏色變淺。

3　種子擦乾後，放入夾鏈袋裡進行催芽，一～二週出芽，出芽約 0.3 公分，整包發芽數量超過 2 / 3 即可連同未發芽種子一起種植。

4　盆器放入九分滿的土，由外向內將種子芽點朝下或平放於土上。

5　蓋上少許麥飯石後，用手指略為按壓，讓種子與麥飯石密合，水澆透後，每二天澆水一次。

6　約二週成長狀況。

7　約五週成長狀況。

8 約二個月成長狀況。

9 約四個月成長狀況。

酒瓶蘭

10 約八個月成長狀況。

11 約一年成長狀況。

12 約二年成長狀況。

13 約三年成長狀況。

Point
幼芽須少水照顧，可避免根部腐爛而死亡。

14 約四年成長狀況。

台灣赤楠
Syzygium formosanum

Data /

科　名	桃金孃科
別　名	赤蘭、台灣蒲桃
催芽方法	夾鏈袋催芽法
泡水時間	7 天
催芽時間	約 3～6 週
種子保存方法	果實去除果皮、果肉，種子陰乾後放入冰箱冷藏。
熟果季	☑春 □夏 □秋 ☑冬
適合種植方式	☑土耕 ☑水耕
種子保存	☑可 □不可
照顧難易度	★★☆☆☆
日照強度	★★★★★

植物簡介

常綠喬木。

莖為灰褐色，老莖樹皮有不規則細裂紋。

葉為單葉對生,嫩葉為紅色。

花白色,圓錐狀聚繖花序,雌雄同株。

近熟果。

熟果。

盆栽輕鬆種

熟果
果實為紫色。

1 放入袋中,搓到果皮與種子分離。

2 倒入水中，清洗種子。

3 去除果皮、果肉後，裡面為米色種子，大小不一。

4 種子泡水七天，每天換水，到了第三天請捨棄浮在水面的種子。

5 擦乾後放入夾鏈袋裡進行催芽，約三～六週出芽 0.5 公分，整包發芽數量超過 2 / 3，即可連同未發芽的種子一起種植。

6 盆器放入九分滿的土，由外向內將種子芽點朝下排放於土上。

7 蓋上少許麥飯石後，用手指略為按壓，讓種子與麥飯石密合，水澆透，之後二天澆水一次。

8 定植約二週成長狀況。

9 約三週成長狀況。

新生嫩葉粉嫩。

10 約四週成長狀況。

11 約二個月成長狀況。

12 約三個月成長狀況。

13 約六個月成長狀況。

偶有白子變異葉發生，但因葉綠素不足，會提
早凋萎。

水耕

約三個月成長狀況。

NG

澆水後因葉片重疊造成爛葉。

水太少。

晒傷。

相 似 植 物 比 較

	台灣赤楠	小葉赤楠
果實		
種子		
種子盆栽		
催芽方法	夾鏈袋催芽法	直接種植法

台灣赤楠

大葉山欖

Palaquium formosanum

Data /

科　名：山欖科

別　名：台灣膠木、山檬果

催芽方法：夾鏈袋催芽法

泡水時間：3 天

催芽時間：約 1～3 週

熟果季　□春　☑夏　□秋　□冬

適合種植方式　☑土耕　☑水耕

種子保存　□可　☑不可

即播型種子

照顧難易度　★★☆☆☆

日照強度　★★☆☆☆

植物簡介

常綠喬木。

樹幹通直呈灰褐色，有不規則細裂縫，皮孔灰褐色。

葉為單葉互生，嫩葉為紅色。

花淡黃色，單生或簇生，雌雄同株。

果實為漿果，幼果。

綠帶褐色為近熟果，褐色為熟果。

大葉山欖

盆栽輕鬆種

熟果
果實為黃綠色或淺褐色。

芽點　　種臍

1 去除果皮、果肉後，可見 1 ～ 3 顆呈黑白
　相間的種子。種子尖端為芽點，即種臍的另
　外一端。

2 　種子每天換水，浸泡三天後，請捨棄浮在水面的種子。無論芽點是否開裂，全部一同悶芽即可。

3 　種子擦乾後放入夾鏈袋裡進行催芽，約一～三週出芽，出芽約 0.5 公分即可種植。

4 　盆器放入九分滿的土，用夾子先戳一個小洞，根向下種植，種子勿埋入土裡，不要排太密。

5 　再鋪一層麥飯石將土與種子隔離，以利土壤保溼且不易腐爛，水澆透後，之後二天澆水一次。

嫩葉被絨毛。

6 　定植約二週成長狀況。

7 　成長過程中，種皮需適時整理剝除。

8 約四週成長狀況。

9 約六週成長狀況。

10 約二個月成長狀況。

水耕

11 約三個月成長狀況。

約三個月成長狀況。

約三個月成長狀況。
（麥飯石水耕）

NG

通風不良

感染介殼蟲

肯氏南洋杉
Araucaria cunninghamii

Data /

科　名	南洋杉科
別　名	花旗杉
催芽方法	夾鏈袋催芽法
泡水時間	1天
催芽時間	約 1～2 週
熟果季	□春 ☑夏 ☑秋 □冬
適合種植方式	☑土耕 □水耕
種子保存	□可 ☑不可
	即播型種子
照顧難易度	★☆☆☆☆
日照強度	★☆☆☆☆

植物簡介

常綠喬木。

主幹渾圓挺直,樹皮粗糙深褐色,且呈小片脫皮現象。

葉互生，螺旋狀排列，葉片兩型。

花呈綠色，雄毬花長圓柱形，雌毬花為圓形，雌雄同株異株均有，此為雄毬花。

熟果。

未熟果。

落果現象。

盆栽輕鬆種

熟果
種子為咖啡色帶薄翅。

1 每片種子為扇形，扇形尖端處為芽點。

芽點

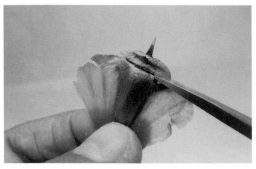

2 種子尖刺處，約 0.5 公分位置以剪刀平剪去除。

3 剪至約略看到一個小洞。

4 種子泡水一天後攤開充分陰乾，直到摸起來沒有水分，接著放入夾鏈袋裡進行催芽，由於種子發芽率不高，建議可多撿一些來提高發芽率。

5 約一～二週出芽，出芽至 0.5 公分左右即可種植。

6 盆器放入九分滿的土，種子芽點朝下，排列於土上。

7 種子間用麥飯石固定以利保溼土壤，切勿全部掩埋以免種子潰爛，水澆透後，之後二天澆水一次。

8 定植後約七天成長狀況，子葉出土型。

9 水盡量噴在種皮上，盡早剝除種皮。

10 約三週成長狀況。

11 約四週成長狀況，幼葉開始成長。

12 約三個月成長狀況。

13 約五個月成長狀況。

14 約七個月成長狀況。

15 約九個月成長狀況。

16 約一年成長狀況。

17 約三年成
長狀況。

NG

水太多爛莖。

相似植物比較

	肯氏南洋杉	小葉南洋杉
植株		
果實		
種子		
種子盆栽		
催芽方法	夾鏈袋催芽法	

肯氏南洋杉

神祕果

Synsepalum dulcificum

Data /

科　名	：山欖科
別　名	：奇蹟水果、變味果、蜜拉聖果
催芽方法	：夾鏈袋催芽法
泡水時間	：3 天
催芽時間	：約 2～3 週
熟果季	☑春 ☑夏 □秋 □冬
適合種植方式	☑土耕 □水耕
種子保存	□可 ☑不可
	即播型種子
照顧難易度	★☆☆☆☆
日照強度	★★★☆☆

植物簡介

莖為褐色，粗糙具皮孔。

常綠灌木。

34

葉為單葉互生，嫩葉為紅色。

花白色，雌雄同株。

果實為漿果，未熟果。

熟果。

神祕果

熟果
果實為紅色。

1 種子泡水三天，每天換水，可邊泡水、邊搓洗，到了第三天，請捨棄浮在水面的種子。

2 去除果皮、果肉後，種子呈黑白相間水滴狀，尖端處為芽點。

3 種子擦乾後，放入夾鏈袋裡進行催芽，約二～三週出芽 0.3 公分，整包發芽數量超過 2／3 即可連同未發芽的種子一同種植。

4 盆器放入九分滿的土，種子芽點朝下，由外向內排列於土上。

5 種子間用麥飯石固定以利土壤保溼，勿用掩埋以免種子潰爛，水澆透後，之後二天澆水一次。

6 植株成長過程中，子葉會將種皮撐破，顏色由黃變綠，若莖葉成長不順利，可幫忙去除種皮。

7 定植後約二週成長狀況。

剛展開的嫩葉為紅色。

8 約六週成長狀況。

9 約二個月成長狀況。

10 約三個月成長狀況。

11 約六個月成長狀況。

12 約二年成長狀況。

13 約三年成長狀況。

NG

水太多，葉片由下而上變黃。

植株一開始缺水，之後給水太多造成葉尾黃黑，
可修剪黃黑部分，不影響植株生長。

黃椰子

Dypsis lutescens

Data /

科　名	棕櫚科
別　名	散尾葵、黃蝶椰子
催芽方法	夾鏈袋催芽法
泡水時間	7 天
催芽時間	約 2～4 週
有毒部位	果實汁液
熟果季	□春 ☑夏 □秋 □冬
適合種植方式	☑土耕 ☑水耕
種子保存	□可 ☑不可

即播型種子

照顧難易度	★☆☆☆☆
日照強度	★☆☆☆☆

Note /

成樹的黃椰子，莖與葉子均為黃色，
此為植物特性，並非營養不良。

植物簡介

常綠喬木。

莖叢生直立無分枝，老莖黃綠色，新莖綠色，
披白粉。

葉為羽狀複葉。

花黃綠色，肉穗狀花序，雌雄同株異花。

雄花。

熟果。

近熟果。

盆栽輕鬆種

熟果
果實呈黃色。

1 去除果皮果肉、黃色纖維，種子為米黃色。

芽點

Point
去除果皮時，皮膚敏感者建議配戴手套。

2 將果皮剝掉後，纖維留與不留均可。種子泡水七天，每天換水，到了第三天請捨棄浮在水面的種子。

3 接著取出種子置於布上晾乾，再放入夾鏈袋進行催芽，陰乾是為了讓纖維上的水分減少，避免悶芽時發霉。

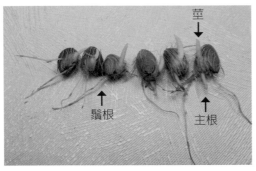

莖 ↓

↑ 鬚根

↑ 主根

4 約二～四週出芽，通常莖與鬚根會先生長，接下來是主根，當主根長約 1 公分即可種植。

Point
鬚根與主根不同方向成長時，鬚根可捨棄。

5 盆器放入九分滿的土，用夾子先戳個小洞，主根朝下種植。種子具觀賞價值，可考慮不鋪麥飯石，全部排列完成後再用手輕壓種子，讓根與土壤緊密結合。水澆透後，之後二天澆水一次。

6 定植後約二週成長狀況。

7 約四週成長狀況。

子葉呈 Y 字形漸漸展開。

8 約六週成長狀況。

9 約二個月成長狀況。

10 約八個月成長狀況。

水耕

11 約一年成長狀況。

1 種子於夾鏈袋裡悶出主根後，可改用水苔悶芽，主根長約5公分即可水耕。

2 約四個月成長狀況。

3 約六個月成長狀況。

黃椰子

NG

新陳代謝的落葉。

水太少或是噴水不均勻。

41

另類玩法 —— 疊疊樂

呈現植物不同的生長美感，用於棕櫚科植物較為適合。

PART2 ──夾鏈袋催芽法

·材料·

透明寶特瓶 1 個、寬口盆 1 個、
麥飯石與悶出芽的種子。

觀察寶特瓶內的水氣與麥
飯石溼度，當瓶內有水氣就
不噴水，麥飯石表面變白，
可直接從麥飯石旁澆水。

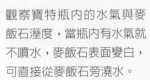

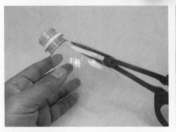  

1 寶特瓶去除瓶蓋後裁切，
只留帶瓶口的上半部，剪
開瓶身，再用膠帶黏起來，
置於盆中，以膠帶固定。

2 種子由瓶口丟入瓶內，可
用筷子調整種子發芽角度，
讓種子排列於寶特瓶裡面，
根短的放底部，根長的放
上面。

3 由瓶口噴水，第一回澆透
後倒出一半的水。

4 直到葉子長出來為止，之
後把膠帶切開即可脫去寶
特瓶。

5 約二個月成長狀況。

6 約六個月成長狀況。

流蘇
Chionanthus retusus

Data /

科　名：木犀科

別　名：牛筋條、四月雪

催芽方法：夾鏈袋催芽法

泡水時間：7 天

催芽時間：約 14 ～ 16 週

種子保存方法：果實去除果皮與
果肉，種子陰乾後放入冰箱冷藏。

熟果季　□春　☑夏　☑秋　□冬

適合種植方式　☑土耕　☑水耕

種子保存　☑可　□不可

照顧難易度　★★☆☆☆

日照強度　★★★☆☆

植物簡介

落葉喬木。

冬天落葉。

樹幹略呈通直，樹皮深灰褐色，粗糙有縱向溝
裂。

葉為單葉對生。

花白色，圓錐花序，雌雄異株，偶同株。

熟果。

果實為核果，幼果。

盆栽輕鬆種

熟果
果實為紫色。

1　去除果皮、果肉時，手容易染色，可戴手套
或放入袋中搓揉。

2　倒入水中，分離出果皮與種子，泡水七天，每天換水，到了第三天，請捨棄浮在水面的種子。

芽點

3　種子呈米黃色，尖端處為芽點。

4　種子擦乾，放入夾鏈袋裡進行催芽，十四～十六週出芽，出芽約 0.5 公分，整包發芽數量約 2／3 即可連同未發芽種子一同種植。

Point
流蘇種子有四個月的休眠期，溫度過低時也會休眠，悶芽時間頗長，請耐心等待。

5　盆器放入九分滿的土，種子芽點朝下，由外向內排列於土上。

流蘇

6　蓋上少許麥飯石後略為按壓，讓種子與麥飯石密合，澆水澆透，之後二天澆水一次即可。

7　定植後約四個月成長狀況。

8 約四個月又二週成長狀況。植株向光性強，偶爾可將盆栽轉換方向。

9 約五個月成長狀況。

10 約六個月成長狀況。

11 約七個月成長狀況。

12 約八個月成長狀況。

水耕

約四個月成長狀況。

NG

澆水過多。

桂葉黃梅

Ochna serrulata

Data /

科　名	金蓮木科
別　名	米老鼠樹
商品名	米老鼠
催芽方法	夾鏈袋催芽法
泡水時間	7 天
催芽時間	約 2～3 週
種子保存方法	果實去除果皮與果肉，種子陰乾後放入冰箱冷藏。
熟果季	☑春 ☑夏 □秋 □冬
適合種植方式	☑土耕 □水耕
種子保存	☑可 □不可
照顧難易度	★☆☆☆☆
日照強度	★★★☆☆

植物簡介

常綠灌木或小喬木。

莖粗糙呈龜裂脫皮狀，灰褐色，具分枝。

葉為單葉互生，嫩葉為紅色。

花為黃色，圓錐花序，雌雄同株。

熟果。

果實為核果，幼果。等待
果實成熟飽滿後，紅色花
萼會再度展開。

果實掉落後，看似米老鼠頭部的模樣，就是商
品名的由來。

盆栽輕鬆種

熟果
果實呈紫黑色。

1 新鮮果實的果皮很難去除，可先將果實放入
袋中噴點水晒太陽，讓果皮軟爛後再倒入細
網袋，在水流下搓洗去除果皮；果皮略帶油
脂，可加少許洗碗精幫助去除油膩。

2 將初步去除果皮的種子倒入水中，分離出果皮與種子。

3 種子泡水七天，每天換水，到了第三天，浮在水面的種子請捨棄。

4 去除果皮與果肉，種子為米色。

5 種子擦乾後，放入夾鏈袋裡進行催芽，約二～三週出芽，出芽約 0.5 公分，整包發芽數量超過 2 / 3，即可連同未發芽的種子一起種植。

6 盆器放入九分滿的土，種子芽點朝下，由外向內排列於土上。

7 蓋上少許麥飯石後，用手指略為按壓，讓種子與麥飯石密合，澆水澆透，之後二天澆水一次即可。

桂葉黃梅

8 定植後約七天成長狀況。

9 約二週成長狀況。

10 約三週成長狀況。

11 約四週成長狀況。

12 約二個月成長狀況。

13 約三個月成長狀況。

14 約六個月成長狀況。

15 約五年成長狀況。

厚葉石斑木

Rhaphiolepis umbellata

Data /

科　名	薔薇科
別　名	革葉石斑木、繖花石斑木
催芽方法	夾鏈袋催芽法
泡水時間	5 天
催芽時間	約 1～3 週
熟果季	☑春 □夏 □秋 ☑冬
適合種植方式	☑土耕 □水耕
種子保存	□可 ☑不可
	即播型種子
照顧難易度	★☆☆☆☆
日照強度	★★★★★

厚葉石斑木

植物簡介

常綠灌木。

老莖深褐色且有裂紋，
枝條叢生光滑。

葉為單葉互生，初生嫩葉有淺綠色葉被白色絨毛。

葉厚且葉背脈紋獨特宛如石斑魚的斑紋，因而得名。

花為白色，總狀花序，雌雄同株。

熟果。

果實為核果，未熟果。

盆栽輕鬆種

熟果
果實為紫色。

1 去除果皮、果肉後，種子為深咖啡色。

52

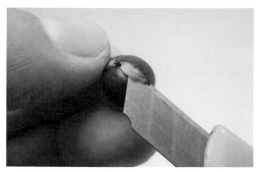

2 　果皮、果肉太硬的話，可用美工刀輕輕刮一刀幫助去皮，或是將果實放在袋子裡噴水少許，將果皮悶爛。

3 　種子泡水五天，每天換水，到了第三天，請捨棄浮在水面的種子。

4 　種子擦乾後，放入夾鏈袋裡進行催芽，一～二週出芽，出芽約 0.3 公分，整包發芽數量超過 2 / 3 即可連同未發芽種子一起種植。

5 　盆器放入九分滿的土，種子芽點朝下，由外向內排列，放於土上。

多芽點植物。

6 　蓋上少許麥飯石後用手指略為按壓，讓種子與麥飯石密合，澆水澆透，之後二天澆水一次即可。

7 　定植後約二週成長狀況。

8 約三週成長狀況。

9 約五週成長狀況。

10 約六週成長狀況。

11 約二個月成長狀況。

12 約五個月成長狀況。

13 約八個月成長狀況。

14 約十個月成長狀況。

白子。

相似植物比較

	厚葉石斑木	田代氏石斑木
果實		
種子		
種子盆栽		
催芽方法	夾鏈袋催芽法	

厚葉石斑木

柚
Citrus maxima

Data /

科　名：芸香科

別　名：柚子、白柚、文旦

催芽方法：夾鏈袋催芽法

泡水時間：7 天

催芽時間：約 7 天

種子保存方法：果實去除果皮與
果肉，勿泡水，種子帶種皮陰乾
後放入冰箱冷藏。

熟果季　□春　□夏　☑秋　☑冬

適合種植方式　☑土耕　☑水耕

種子保存　☑可　□不可

照顧難易度　★☆☆☆☆

日照強度　★☆☆☆☆

植物簡介

常綠喬木。

莖褐綠色具縱向裂溝，枝條多數。

葉為單身複葉，互生。

花為白色，聚繖花序，雌雄同株。

果實為柑果，幼果。

熟果。

盆栽輕鬆種

熟果
果實呈黃綠色。

1 去除果皮、果肉，米色帶種殼種子數顆，
尖端處為芽點。

芽點

2 種子帶果膠，攤開置放約半天乾燥，即可將假種皮去除。

3 種子泡水七天，到了第三天，請捨棄浮在水面的種子。

4 將種子擦乾，放入夾鏈袋裡進行催芽，約七天左右出芽 0.5 公分，整包發芽數量超過 2／3，即可連同未發芽的種子一起種植。

5 盆器放入九分滿的土，種子芽點一致朝上或朝下均可，由外向內排列於土上。

6 蓋上少許麥飯石後稍微按壓，讓種子與麥飯石密合，澆水澆透，之後二天澆水一次即可。

7 約三週成長狀況。

8 約四週成長狀況。　　　*9* 約六週成長狀況。　　　*10* 約七週成長狀況。

柚

11 約三個月成長狀況。　　*12* 約二個月成長狀況。　　*13* 約四個月成長狀況。

種子二次脫皮法

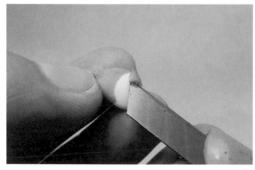

1 將泡水後的種子擦乾，用美工刀或手輕輕剝除種皮。

2 芽點朝下以水苔悶芽，悶出約 0.5 公分的根即可種植。

3 盆器放滿土，種子芽點朝下，由外向內排列 於土上。

4 種子與種子之間用麥飯石固定，以利保溼土 壤，勿用麥飯石全部掩埋，以免種子爛掉， 澆水澆透，之後二天澆水一次。

5 定植後約三天成長狀況。

6 約九天成長狀況。

7 約二週成長狀況。

8 約兩個月成長狀況。

根悶約 5 公分長，直接水耕。

1 悶芽約 0.5 公分，亦可以毬果當盆器種植。

Point
毬果水苔耕請參閱 p.88 月橘的毬果種植。

柚

2 約二週成長狀況。

3 約三週成長狀況。

白子

種植過密、通風不良。

海檬果

Cerbera manghas

Data /

科　名：夾竹桃科

別　名：山檨仔、海檨仔

催芽方法：夾鏈袋催芽法

泡水時間：7 天

催芽時間：約 6 ～ 8 週

種子保存方法：果實去除果皮與
果肉，種子陰乾後常溫放置即可。

有毒部位：全株乳汁及種仁

熟果季　□春　□夏　☑秋　☑冬

適合種植方式　☑土耕　☑水耕

種子保存　☑可　□不可

照顧難易度　★☆☆☆☆

日照強度　★☆☆☆☆

植物簡介

常綠喬木。

樹幹深灰色直立粗壯，
具皮孔。

葉為單葉互生。

花白色，聚繖花序，雌雄同株。

雄蕊與雌蕊內藏。

熟果。

未熟果。

海檬果

盆栽輕鬆種

熟果
果實紅色或紫黑色均可。

1 用夾子夾除種皮，若有過敏體質者，處理時
請戴手套。

2 去除果皮與果肉，米色種子帶纖維。

3 果實纖維可用牙刷或銅刷將夾縫中的果肉清除乾淨，以防悶芽時發霉或孳生蚊蟲。

4 海漂果實需壓重物，確實泡水七天，之後用夾鏈袋悶芽，原本大果實是以水苔悶芽居多，但因海檬果出芽點未知，且纖維質容易發霉，因而選擇夾鏈袋悶芽。

5 約六～八週出芽，根長約 2 公分即可土耕。若想水耕，建議將發芽的根系放置水苔上，待主根養長約 5 公分再來移植，不須蓋上蓋子。

6 若主根尾端有發黑現象須剪掉，再放入水苔等待重新長根。

7 盆器放入九分滿的土，用夾子先戳一個小洞，根向下種植。

8 用麥飯石固定種子，以利保溼土壤，澆水澆透，之後二天澆水一次。

9 定植後約七天成長狀況。

10 植株長約 10 公分左右即可塑型。一手固定莖的基部，一手將莖輕輕揉捏後，慢慢下壓至想要的彎度。

11 用膠帶固定種子與彎曲的莖。

12 約八天成長狀況。固定的植株利用植物的向光性來進行塑型。

13 約二週成長狀況。

14 約一個月成長狀況。

15 約二個月成長狀況。

季節變化偶爾會有轉
紅而掉葉的現象。

16 約三個月成長狀況。

17 約八個月成長狀況。

18 約二年成長狀況。

若植株太高，可修剪待其重新生長。

白子。

海螃蟹

・工具・

①熱熔膠槍、②花剪、③錐子、④鑷子。

・材料・

①海檬果果實 1 個、②水黃皮種子 2 個、③麻楝內果皮 2 小瓣、④塑膠眼珠（10mm）2 顆、⑤粗的直枝條（4.5cm）2 枝、⑥細的直枝條（2.5cm）2 枝、⑦有角度的枝條 8 枝（枝條角度彎曲可取135 度、90 度、45 度角搭配使用）。

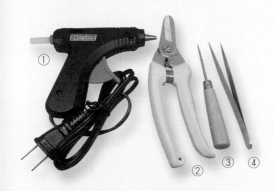

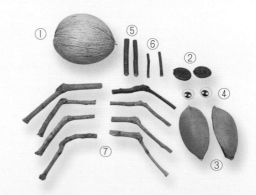

1 麻楝內果皮沒開裂的一端，
　先點上較厚的熱熔膠等它
　乾，此舉是為了墊高以便
　與粗枝條接合。（若有其
　他小種子也可利用來墊高）

2 將粗的直枝條與麻楝果殼
　作黏合。

3 塑膠眼珠與水黃皮種子先
　做黏合，接著在眼睛背面
　黏合細枝條。

4 海檬果開口向下，左右兩
　側以錐子各戳出 4 個洞。

5 取有角度的枝條，一端先
　用花剪修成斜角後，插入
　步驟 4 所戳的洞，確認長
　度與角度後，取出枝條點
　上熱熔膠做黏合。

6 螃蟹的腳與身體接合後放
　在桌上站立看看，若會歪
　斜，再做腳部的長短修剪。

7 腳部黏合後，在前面第一
　對腳的內側由上而下，左
　右各戳一個洞插入蟹鉗，
　蟹鉗洞口後方附近再戳兩
　個洞插入眼睛。

8 試插蟹鉗後接著黏合固定。

9 最後插上眼睛再做黏合，
　一隻海螃蟹即完成。

嘉寶果

Plinia cauliflora

Data /

科　名	桃金孃科
別　名	木葡萄
商品名	樹葡萄
催芽方法	夾鏈袋催芽法
泡水時間	不須泡水
催芽時間	約 1～2 週
熟果季	☑春 □夏 ☑秋 □冬
適合種植方式	☑土耕 □水耕
種子保存	□可 ☑不可
	即播型種子
照顧難易度	★★★☆☆
日照強度	★★★★★

植物簡介

樹幹光滑，樹皮甚薄，易脫落，呈淡紅褐色。

常綠灌木或小喬木。

葉為單葉對生，嫩葉為紅色。

花為白色，聚繖花序，雌雄同株。

果實為漿果，未熟果。

熟果。

盆栽輕鬆種

熟果
果實為紫黑色。

1 嘉寶果可食用。去除果皮後一時無法將果肉
清乾淨，可先陰乾約二天。

2 二天後果肉乾掉，徒手或用夾子即可去除乾淨。

3 去除果皮與果肉後，種子為紫紅色。

4 種子不用泡水，只須做沉水測試，挑選下沉者種植。

5 擦乾種子後放入夾鏈袋裡進行催芽，約一～二週出芽，出芽約 0.5 公分，整包發芽數量超過 2 / 3 即可連同未發芽種子一起種植。

6 盆器放入九分滿的土，種子芽點朝下，由外向內排列於土上。

7 蓋上少許麥飯石後用手指略微按壓，讓種子與麥飯石密合，澆水澆透，之後二天澆水一次。

8 定植後約十天成長狀況。

9 約兩周成長狀況。

10 約四週成長狀況。

11 約三個月成長狀況。

12 約五個月成長狀況。

13 約一年成長狀況。

14 約二年成長狀況。

NG

冬天葉子會枯黃，應進行修剪，讓枝葉更加茂密。

羅比親王海棗

Phoenix roebelenii

Data /

科　名	棕櫚科
別　名	軟葉刺葵
催芽方法	夾鏈袋催芽法
泡水時間	7 天
催芽時間	約 2～3 週
熟果季	□春 □夏 ☑秋 ☑冬
適合種植方式	☑土耕 ☑水耕
種子保存	□可 ☑不可
	即播型種子
照顧難易度	★☆☆☆☆
日照強度	★☆☆☆☆

植物簡介

灌木或小喬木，葉為羽狀複葉。

莖幹單一，老熟後略呈彎曲，灰黑褐色，樹幹表面具瘤狀突起。

花為黃綠色，肉穗花序，雌雄異株。

雄花。

雌花。

果實為漿果，未熟果。

熟果。

盆栽輕鬆種

熟果
果實為紫黑色。

1 去除果皮、果肉後，種子為咖啡色，芽點在裂縫的背面中間。

2　種子泡水七天 ，每天換水。到了第三天請將浮在水面的種子捨棄。去除種皮時，皮膚易發癢的人請佩戴手套。

3　種子擦乾後放入夾鏈袋裡進行催芽，約二～三週出芽，根長約 1～2 公分即可土耕。

4　盆器放入九分滿的土，先戳一個小洞後將根向下種植。

5　用麥飯石掩埋種子，澆水澆透，之後二天澆水一次。

6　定植後約二週成長狀況。

7　約四週成長狀況。

8 約六週成長狀況。

9 約二個月成長狀況。

10 約六個月成長狀況。

11 約二年成長狀況。

水耕

NG

水多爛根，葉子萎縮枯掉。

約六個月成長狀況。

相 似 植 物 比 較

	羅比親王海棗	台灣海棗	加拿列海棗	中東海棗	阿拉伯椰棗
植株					
種子					
種子尺寸	約 1 公分	約 1 公分	約 2 公分	約 2.5 公分	約 5 公分
種子盆栽					
催芽方法	夾鏈袋催芽法	夾鏈袋催芽法	水苔催芽法	水苔催芽法	水苔催芽法

羅比親王海棗

日本女貞

Ligustrum japonicum

Data /

科　名：木犀科	
別　名：琉球女貞、冬青木	
催芽方法：夾鏈袋催芽法	
泡水時間：3 天	
催芽時間：約 1～2 週	
種子保存方法：果實去除果皮與果肉，種子陰乾後放入冰箱冷藏。	
有毒部位：樹皮、葉、果實。	
熟果季 ☑春 □夏 □秋 ☑冬	
適合種植方式 ☑土耕 □水耕	
種子保存 ☑可 □不可	
照顧難易度 ★★☆☆☆	
日照強度 ★★★☆☆	

植物簡介

常綠灌木。

莖灰褐色、平滑，圓形皮孔。

葉為單葉對生。

花白色，圓錐花序，雌雄同株。

未熟果。

近熟果。

熟果。

盆栽輕鬆種

熟果
果實為紫色。

1 去除果皮、果肉時，手容易染色，需戴手套，亦可放入袋中搓揉後再倒入水中，分離出果皮與種子。種子泡水三天，每天換水，到了第三天，請捨棄浮在水面的種子。

2　去除果皮、果肉後，裡面種子為黑色，種子尖端處為芽點。

3　種子擦乾後，放入夾鏈袋裡進行催芽，約一～二週出芽，出芽約 0.5 公分，整包發芽數量超過 2 ／ 3 即可連同未發芽種子一起種植。

4　盆器放入九分滿的土，種子芽點朝下由外向內排列，放於土上。

5　蓋上少許麥飯石後用手指略微按壓，讓種子與麥飯石密合，澆水澆透，之後二天澆水一次。

6　約一週成長狀況，子葉出土型。

7　約二週成長狀況。

8 噴水軟化種皮，以利子葉開展。

9 約三週成長狀況。

種皮可用手輕輕
剝除。

10 約五週成長狀況，子葉油亮，顏色由淺綠轉為深綠。

11 約二個月成長狀況。

12 約三個月成長狀況。

13 約六個月成長狀況。　　*14* 約十個月成長狀況。

相似植物比較

	日本女貞	小實女貞	垂枝女貞
花			
果實			
種子盆栽			
催芽方法	夾鏈袋催芽法		

月橘

Murraya paniculata

Data /

科　名：芸香科

別　名：七里香、九里香、十里香

催芽方法：夾鏈袋催芽法

泡水時間：3 天

催芽時間：約 1～2 週

種子保存方法：果實去除果皮、果肉，種子陰乾後放入冰箱冷藏。

熟果季：☑春 □夏 □秋 □冬

適合種植方式：☑土耕 ☑水耕

種子保存 ☑可 □不可

照顧難易度 ★★☆☆☆

日照強度 ★★☆☆☆

植物簡介

常綠灌木或小喬木。

莖灰褐色，全株平滑，老莖會有不規則縱裂紋。

葉為奇數羽狀複葉，互生。

花白色，繖房花序，雌雄同株。

果實為漿果，未熟果。

熟果紅色。

盆栽輕鬆種

熟果
果實為紅色。

1 果實放入袋中或用網篩擠壓去除果皮。

2 接著倒入水中，分離出果皮與種子。

3 去除果皮、果肉後，裡面種子為米色，半圓形、圓形或不規則狀均有，種子尖端處為芽點。

4 種子泡水三天，每天換水，到了第三天請捨棄浮在水面的種子。

5 種子擦乾，放入夾鏈袋裡進行催芽，約一～二週出芽，出芽約 0.5 公分，整包發芽數量超過 2 / 3 即可連同未發芽種子一起種植。

土耕

1 盆器放入九分滿的土，種子芽點朝下，由外向內排列，種入土中約 1 / 3。

2 蓋上少許麥飯石後用手指略微按壓，讓種子與麥飯石密合，澆水澆透，之後二天澆水一次即可。

3 定植後約七天成長狀況。

4 約十天成長狀況。

5 約二週成長狀況。

約二個月就有機
會開花。

6 約四週成長狀況。

7 約二個月成長狀況。

8 約三個月成長狀況。

9 約八個月成長狀況。

10 約十年成長狀況。

水耕

約三個月成長狀況。

約三個月成長狀況。（水苔耕）

NG

水太多爛根現象。

水太少。

麥飯石水耕 水約維持盆器八分滿，一周換水一次，葉子約三～五天，噴水一次。

1 盆器裝滿麥飯石，倒入八分滿的水，種子芽
點朝下排列，接著蓋上保鮮膜，並用牙籤戳
幾個小洞透氣。

2 保鮮膜上若有水氣則不須澆水，莖長約到此
階段即可拿掉保鮮膜。

3 約二周左右。

4 將種皮拿掉。

5 約四週成長狀況。

毬果水苔耕 須多澆水或噴水，方能活得長久。

1 種子出芽約 0.5 公分。

2 去除種皮。

3 取不泡水水苔及毬果一顆。

4 毬果裡塞入少許水苔。

5 種子芽點朝下，放入毬果中，
種子與毬果鱗片平行放置。

6 將毬果置於盆器上。

7 蓋上蓋子或塑膠袋。

8 約二週成長狀況。

9 約六週成長狀況。

10 約三個月成長狀況。

相 似 植 物 比 較

	月橘	長果月橘
果實		
種子		
種子盆栽		
催芽方法	夾鏈袋催芽法	

PART2 ── 夾鏈袋催芽法

90

咖啡
Coffea arabica

Data /

科　名：茜草科

別　名：阿拉伯咖啡

催芽方法：夾鏈袋催芽法

泡水時間：泡水泡到芽點明顯，
約 7 天。

催芽時間：約 1〜2 週

種子保存方法：果實去除果皮與
果肉，待種殼陰乾後常溫保存。

熟果季　☑春　□夏　□秋　☑冬

適合種植方式　☑土耕　□水耕

種子保存　☑可　□不可

照顧難易度　★☆☆☆☆

日照強度　★☆☆☆☆

植物簡介

莖表皮灰白色，有縱向龜裂並具脫皮現象。

常綠喬木。

91

葉為單葉對生。

花白色,聚繖花序,雌雄同株。

果實由黃轉橘再轉紅色,即為熟果。

熟果。

盆栽輕鬆種

平豆是正常豆

種子在成長過程中萎縮造成圓豆模樣,與平豆只是生長型態不同,非公母之分。平豆(左)與圓豆(右)皆可種植。

熟果
果實為紅色。

1 去除果皮後,米色果殼種子約 1〜2 顆。

2 去除果皮後，種子帶果膠，具黏性；泡水約一～二天，就可以將果膠洗淨。

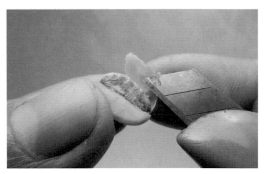

3 之後將種子陰乾一～二天，可用手或美工刀順著種子上的橫溝將種皮去除。

4 陰乾的種子（左）；剝除假種皮（中）；脫皮後的種子（右）。

5 種子泡水，到了第三天，請捨棄浮在水面的種子。泡水同時可將種子上的薄膜清除乾淨。

6 約泡水七天，見種子膨脹且白色芽點明顯，即可悶芽。

7 將種子擦乾放入夾鏈袋裡進行催芽，約一～二週出芽，出芽約 0.3 公分。

8 盆器放入九分滿的土，種子芽點朝下種植，由於子葉頗大，因此間距可拉開一些。

9 蓋上少許麥飯石後略微按壓，讓種子與麥飯石密合，澆水澆透，之後二天澆水一次。

10 約二週成長狀況，子葉出土型。

11 約三週成長狀況。

12 約四週成長狀況，種皮剝除不易，可在子葉上噴水。

13 常溫 15 度以下時，套上塑膠袋，加快種皮軟化。

14 輕輕剝除已軟化的種皮。

15 約五週成長狀況，子葉剛
脫去種皮因此皺皺的。

16 約六週成長狀況，子葉慢
慢開展，呈鮮綠色。

17 約二個月成長狀況，子葉
轉為深綠色。

18 約五個月成長狀況。

19 約六個月成長狀況。

20 約八個月成長狀況。

21 剛把種皮去除時由於光線不足，因此子葉為黃色，約兩週左右就會慢慢轉綠。

NG

水太多。

晒傷。

咖啡屬耐陰植物，光線不要太強，避免黃化。

子葉葉緣黑點乃剝除種皮時太用力所致。

楓港柿

Diospyros vaccinioides

Data /

科　名：柿樹科

別　名：紫檀、紅紫檀、小果柿

催芽方法：夾鏈袋催芽法

泡水時間：7天

催芽時間：約2～4週

種子保存方法：果實去除果皮與
果肉，種子陰乾後放入冰箱冷藏，
可保存約三個月。

熟果季 □春 ☑夏 □秋 ☑冬

適合種植方式 ☑土耕 ☑水耕

種子保存 ☑可 □不可

照顧難易度 ★★★★★

日照強度 ★★★★★

楓港柿

植物簡介

常綠灌木或小喬木。

莖呈灰褐色，老枝樹皮有不規則深縱紋。

葉為單葉互生。

嫩葉為紅色。

雄花。

雌花。

果實為漿果，未熟果。

近熟果。

熟果。

熟果
果實呈紫黑色。

1 去除果皮、果肉後,種子為咖啡色,尖處黑
　　點為芽點。

2 種子泡水七天,每天換水,到了第三天請將
　　浮在水面的種子捨棄。去除果皮、果肉時手
　　容易染色,請戴手套。

3 種子擦乾後,放入夾鏈袋裡進行催芽,約
　　二～四週出芽,出芽的根為黑色,約 0.3 公
　　分,整包發芽數量超過 2 / 3 即可連同未
　　發芽的種子一起種植。

4 楓港柿出芽的根為黑色,黃白色即為菌絲,
　　請捨棄。

5 盆器放入九分滿的土,種子芽點朝下,由外
　　向內排列於土上。

楓
港
柿

99

6 蓋上少許麥飯石後用手略微按壓，澆水澆透，之後二天澆水一次即可。

7 定植後約五天成長狀況，子葉出土型。

8 約八天成長狀況。

9 約十二天成長狀況。

10 約十六天成長狀況。

11 約四週成長狀況。

12 約三個月成長狀況。

13 約四個月成長狀況。

14 約六個月成長狀況。

NG

15 約二年成長狀況。

水過多、通風不良爛莖現象。

蘭嶼羅漢松
Podocarpus costalis

Data /

科　名	羅漢松科
別　名	鈍頭羅漢松、南洋羅漢松
催芽方法	夾鏈袋催芽法
泡水時間	3 天
催芽時間	約 1～2 週
種子保存方法	種子去除種托後陰乾，放入冰箱冷藏。
熟果季	□春　□夏　☑秋　☑冬
適合種植方式	☑土耕　□水耕
種子保存	☑可　□不可
照顧難易度	★☆☆☆☆
日照強度	★☆☆☆☆

植物簡介

常綠灌木或小喬木。

樹幹充滿皺褶龜裂，暗褐色。

單葉互生，節距小似叢生。

花黃綠色，雌雄異株，此為雄毬花，葇荑狀。

雌毬花單生。

成熟種子。

裸子植物，
未熟種子。

盆栽輕鬆種

成熟種子
種子帶紫黑色種托，種托脹大呈軟狀。

1 種子為綠色，尖處帶黑點的旁邊是芽點。

←芽點

2 去除種托,種子泡水三天,每天換水,到了第三天請捨棄浮在水面的種子。

3 種子放入夾鏈袋裡進行催芽,約一～二週出芽,出芽約 0.5 公分,整包發芽數量超過 2／3 即可連同未發芽種子一起種植。

4 盆器放入九分滿的土,種子芽點朝下,由外向內排列於土上。

5 種子間用麥飯石固定,以利保溼土壤,勿用麥飯石掩埋種子,以免種子爛掉,澆水澆透,之後二天澆水一次。

6 定植後約二週成長狀況,子葉出土型。

7 約三週成長狀況。

8 約四週成長狀況。

9 約七週成長狀況。

子葉與種皮相連不易脫落時，可用手或小剪刀來協助去除。

10 約二個月成長狀況。

11 約三個月成長狀況。

12 約四個月成長狀況。

蘭嶼羅漢松

13 約一年成長狀況。

NG

植株若長蚜蟲，可以水洗方式處理。

相 似 植 物 比 較

	蘭嶼羅漢松	羅漢松	桃實百日青
果實			
種子	種托為紫黑色	種托有紅、黃、橘等顏色	種托為紅色
種子盆栽			
催芽方法	夾鏈袋催芽法		

觀音棕竹
Rhapis excelsa

Data /

科　名	棕櫚科
別　名	觀音竹、棕櫚竹
催芽方法	夾鏈袋催芽法
泡水時間	7 天
催芽時間	約 6 ～ 12 週
有毒部位	漿果汁液
熟果季	☑春 □夏 □秋 ☑冬
適合種植方式	☑土耕 ☑水耕
種子保存	□可 ☑不可

即播型種子

照顧難易度	★☆☆☆☆
日照強度	★☆☆☆☆

觀音棕竹

植物簡介

常綠灌木。

枝幹叢生，莖直立綠色，具有明顯環狀紋路，分節明顯似竹。

莖幹密被葉鞘殘留的黑色纖維。

葉為掌狀裂葉，簇生於莖頂。

雌花序為粉色。

花為肉穗花序，雌雄異株，雄花序為淡黃色，
此圖為雄花花苞。

果實為漿果，未熟果。

熟果。

108

熟果
果實呈白色。

1 利用網篩將果皮搓除，纖維留與不留均可，
皮膚容易發癢的人，去除果皮時請戴手套。

2 倒入水中，分離出果皮與種子。

3 種子為米色。

4 泡水七天，每天換水，到了第三天請捨棄
浮在水面的種子。

5 種子擦乾後，放入夾鏈袋裡進行催芽，約六
至十二週出芽，根長約 0.5 公分即可土耕。

觀音棕竹

6　盆器放入九分滿的土，先戳一個小洞後再將根向下種植。

7　鋪上麥飯石，以利保溼土壤，澆水澆透，之後二天澆水一次。

8　定植後約三週成長狀況。

9　約四週成長狀況。

10　約六週成長狀況。

11　約二個月成長狀況。

12 約八個月成長狀況。

13 約三年成長狀況。

水耕

1 種子於夾鏈袋裡悶出主根後（最左側），改用水苔悶出約 5 公分長的主根即可水耕。

2 約四個月成長狀況。

3 約六個月成長狀況。

NG

水多爛莖。

荷
Nelumbo nucifera

Data /

科　名	蓮科
別　名	蓮
催芽方法	破殼催芽法
泡水時間	泡水泡到發芽
催芽時間	約 7 天
種子保存方法	種子陰乾後，常溫保存即可。
熟果季	□春 ☑夏 ☑秋 □冬
適合種植方式	□土耕 ☑水耕
種子保存	☑可 □不可
照顧難易度	★★★☆☆
日照強度	★★★★★

植物簡介

多年生草本宿根。

葉為單葉；莖為地下莖（蓮藕），有節，內部中空。

冬天葉會枯萎。

複瓣荷花。（商品名：牡丹蓮）

花為紅色、淡紅色、白色，單頂花序，雌雄同株。

果實（蓮蓬）為堅果；幼果。

未熟果。

熟果。

熟果
果皮與種子均轉為黑色。

1 去除果皮後，種子數顆，約 1 公分大小。

2 用花剪將種皮剪破，泡水至發芽。

3 約七天發芽。

4 約二週生長狀況。

5 約三週成長狀況。

6 約四週成長狀況。

7 展葉。

8 約六週成長狀況。

9 約二個月成長狀況。

NG

種植環境不良，植株自然凋萎。

Point

荷需種在有爛泥的大盆器裡，陽光要充足才有機會開花結果。一般在陽台水耕種植，觀賞期大約一個半月。

芒果
Mangifera indica

Data /

科　名：漆樹科

別　名：檨仔、檬果

催芽方法：破殼催芽法

泡水時間：泡水泡到種仁膨脹

種殼裂開，約 7 天

催芽時間：約 1～2 週

熟果季　□春　☑夏　□秋　□冬

適合種植方式　☑土耕　☑水耕

種子保存　□可　☑不可

即播型種子

照顧難易度　★☆☆☆☆

日照強度　★★★★★

植物簡介

樹幹直，樹皮灰褐色，老樹幹有縱向裂縫。

常綠大喬木。

葉為單葉互生。

嫩葉為紅色。

花淡黃色，圓錐花
序，雌雄同株。

熟果。果實為核果，因品種不同，熟果會有顏
色上的差異。

盆栽輕鬆種

熟果
果實變色變軟，品種以愛文芒果為佳。

1 可用鋼刷將種殼上的果肉清除乾淨。

2 泡水七天後，若種殼未膨脹請捨棄（表示種子胚胎發育不全）。約十天左右，種殼會裂開。

3 用剪刀順著種殼裂開邊緣剪開，剪至可將種子取出的寬度即可。

4 將種子取出，種殼洗淨後晒太陽備用。

5 種子泡水三天（要下沉），邊泡水邊將種皮清除乾淨（種皮為深咖啡色薄膜）。

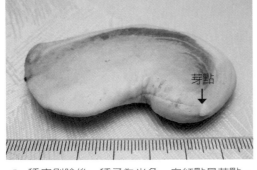

芽點

6 種皮剝除後，種子為米色，白紅點是芽點。

7 種子擦乾，芽點朝下置於水苔上，約一～二週出芽。

8 根大約 2 公分即可土耕，盆器放入九分滿的土，戳一個小洞後根向下種植，種子勿埋入土裡，由於葉片頗大，因此種植時以單株或少顆為主。

9 鋪一層薄薄的麥飯石讓土與種子隔離，以利保溼土壤，且種子比較不容易因直接接觸土壤而腐爛，澆水澆透，之後二天澆水一次。

10 約二週成長狀況。

11 約四週成長狀況。

12 約六週成長狀況。

13 約二個月成長狀況。

14 約三個月成長狀況，種仁爛掉後果殼可用來裝飾。

幼葉為紅色。

當遇到果實打開、種子
已發芽情況時，就無需
泡水，可直接種植。

水耕

1 約二個月成長狀況。

2 約四個月成長狀況。

新陳代謝落葉。

NG

感染紅蜘蛛。

＼ 種子 DIY ／

芒果百合花

・工具・

①熱熔膠槍、②打火機、③鑷子、
④簽字筆、⑤花剪、⑥尺。

・材料・

①直徑 1 公分的枯枝 1 枝（長度不拘）、
②細小枯枝（2cm 長）1 枝、③溼地松
針葉 6 枝、④芒果內果皮（果殼）3 個、
⑤烏桕種子 3 個（帶果梗）、⑥細麻繩
70cm*1 條。

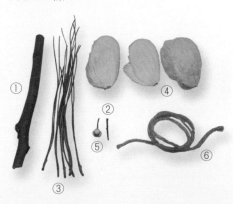

1 帶果梗的烏桕種子與 2cm
的細小枯枝先做黏合。（若
種子已分離的可直接黏在
小枯枝周圍）

2 溼地松針葉修剪成 5 公分
等長的小段。

3 在粗枯枝上約 1cm 處，一
次取 5～6 段溼地松針葉
黏滿一圈。

4 接著將黏好烏桕種子的細
枯枝黏在正中間。

5 斜角度修剪過長的溼地松
針葉，稍微對齊烏桕種子。

6 用花剪沿著芒果內果皮側
邊剪開成兩半。去除種皮，
留下內果皮。

7 用花剪將較圓胖的一端修
剪成花瓣狀。

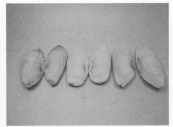

8 依序將 3 顆芒果內果皮剪
成 6 片花瓣。（芒果內果
皮裡側較為平滑，因此將
其作為花瓣的正面展示）

9 平滑面朝上，利用簽字筆
將尖端往後捲出弧度，遇
到果皮較硬的要慢慢捲，
否則側邊容易裂開。

10 要做黏合的一端，則從中間剪出一個約 1cm 長的直線，然後用手向內凹折。

11 將熱熔膠點於花瓣內側，再與粗枯枝做黏合。

12 第一圈交錯黏合 3 片花瓣（由於果皮較硬，因此黏合時要停留久一點，讓熱熔膠固定後再離手）。

13 第二圈同樣交錯黏合剩餘 3 片花瓣。

14 花瓣基部以麻繩做裝飾，先將麻繩線頭略向下彎一小段，繞一圈後以交錯方式將線頭藏在裡面。

15 纏繞麻繩時要逐段邊點膠邊黏合才會牢固。

16 有時黏到空洞處時可將熱熔膠點於麻繩下方使其順著黏合，切勿直接拉緊，否則會出現空隙，不美觀。

17 完成麻繩的黏合後，尾端線頭點上一點膠，以避免線頭鬆掉。最後用打火機稍微燒烤一下麻繩，可去除多餘的膠與麻繩鬚線。

18 一朵百合花就成型了。

荔枝
Litchi chinensis

Data /

科　名	無患子科
別　名	丹荔、離枝、貴妃香
催芽方法	破殼催芽法
泡水時間	泡到種殼裂開，約7天。
催芽時間	約1～2週
熟果季	□春 ☑夏 □秋 □冬
適合種植方式	☑土耕 ☑水耕
種子保存	□可 ☑不可
	即播型種子
照顧難易度	★☆☆☆☆
日照強度	★★★★★

植物簡介

常綠喬木。

主幹灰白色粗大，樹皮粗糙呈龜裂狀，但較龍眼光滑，不同品種，樹幹表皮的色澤和粗糙度有差異。

葉為偶數羽狀複葉。

嫩葉為紅色。

花黃色，圓錐花序，雌雄同株。

熟果。

果實為核果，近熟果。

盆栽輕鬆種

熟果
果實為紅色，品種以黑葉荔枝為佳。

1 去除果皮、果肉後，種子為黑色，白色部分為芽點。

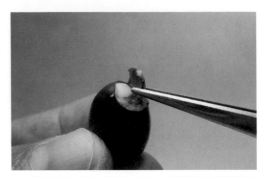

2 種子泡水七天，泡到種仁膨脹、種皮裂開；
每天換水，七天內若無開裂請捨棄。

3 將裂開的種皮部分去除，接著種子芽點朝下
放置於水苔上，容器蓋上蓋子，等待發芽。

4 約一～二週出芽，悶出約2公分的根。

5 盆器放入九分滿的土，用夾子先戳一個小
洞，根向下種植。種子勿埋入土裡，由外向
內排列，葉子頗大，不要排列太密集。

6 種子間用麥飯石固定，以利保溼土壤，勿用
麥飯石全部掩埋，以免種子爛掉，澆水澆
透，之後二天澆水一次。

7 約七天成長狀況。

8 約十天成長狀況。

9 約十二天成長狀況。

10 約二週成長狀況。

11 約四週成長狀況。

12 約三個月成長狀況。

水耕

約四週成長狀況。

通風不良。

NG

種子萎縮

相似植物比較

	荔枝	龍眼
果實		
種子		
種子盆栽		
催芽方法	破殼催芽法	

龍眼

Dimocarpus longan

Data /

科　名：無患子科

別　名：福圓、牛眼、圓眼

商品名：桂圓

催芽方法：破殼催芽法

泡水時間：泡水泡到種殼裂開，約7天

催芽時間：約1～2週

熟果季　□春　☑夏　□秋　□冬

適合種植方式　☑土耕　☑水耕

種子保存　□可　☑不可

即播型種子

照顧難易度　★☆☆☆☆

日照強度　★★★★★

植物簡介

常綠喬木。

樹皮呈黃褐色粗糙狀，片裂或縱裂均有，常有小鱗片狀剝落。

129

葉為偶數羽狀複葉，嫩葉為紅色。

花黃白色，圓錐花序，雌雄同株。

果實為核果，幼果。

熟果。

盆栽輕鬆種

熟果
果梗下垂，果實為淺咖啡色。

1 去除果皮、果肉後，種子為黑色，白色部分為芽點。

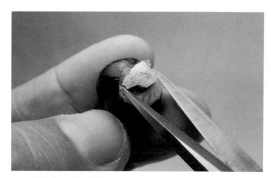

2 種子泡水七天，泡到種仁膨脹、種皮裂開；每天換水，七天內種皮若無裂開請捨棄。

3 將裂開的種皮去除，種子芽點朝下放置於水苔上，容器蓋上蓋子，等待發芽。

4 約一～二週出芽，悶出約 2 公分的根。

5 盆器放入九分滿的土，用夾子先戳一個小洞，根向下種植，種子勿埋入土裡，由外向內排列。種子間不要排太密，以麥飯石固定，以利保溼土壤，澆水澆透，之後二天澆水一次。

6 定植後約十天成長狀況。

7 約二週成長狀況。

8 約三週成長狀況。　　*9* 約四週成長狀況。　　*10* 約四個月成長狀況。

水耕

11 約二年成長狀況。

約三個月成長狀況。

NG

水多、通風不良爛莖。

孔雀豆
Adenanthera pavonina

Data /

科　名	豆科（含羞草亞科）
別　名	海紅豆、相思子
商品名	相思豆
催芽方法	破殼催芽法
泡水時間	破殼後，泡到種仁膨脹、種皮軟化，約 3～5 天
催芽時間	約 1～2 週
種子保存方法	常溫保存即可
有毒部位	全株
熟果季	□春 □夏 ☑秋 ☑冬
適合種植方式	☑土耕 □水耕
種子保存	☑可 □不可
照顧難易度	★★★★★
日照強度	★★★★★

孔雀豆

植物簡介

落葉性喬木。

樹幹通直或略彎曲，樹皮灰褐色，作鱗片狀剝落。

133

葉為二回羽狀複葉。

花黃白色，總狀花序單生或圓錐花序，雌雄同株。

果實為莢果，未熟果。

熟果。

盆栽輕鬆種

熟果
果莢為黑色開裂。

1 去除果莢後，裡面為數顆紅色種子，黑點是芽點。

2 避開黑色芽點處，用指甲刀將種子破殼。

3 每天換水，泡到種仁膨脹、種皮軟化（約三～五天）。到了第二天，請捨棄浮在水面的種子。種皮有色素成分，清水變橘黃色屬正常現象。

4 白色種仁微露，即可土耕。

5 盆器放入九分滿的土，戳個小洞將芽點朝下種植，種子勿埋入土裡。

6 種子間用麥飯石固定，以利保溼土壤，勿用麥飯石全部掩埋，以免種子爛掉，澆水兩三圈即可，之後二天澆水一次。

7 看到有種皮發霉的種子，可將種皮剝除，種仁比較不會爛掉。

8 約三週成長狀況，子葉出土型。

9 約四週成長狀況。

10 約二個月成長狀況。

11 約三個月成長狀況。

12 約六個月成長狀況。

13 約一年成長狀況。

葉子晚上的睡眠運動。

相 似 植 物 比 較

	孔雀豆	小實孔雀豆
果實		
種子	孔雀豆（左） + 小實孔雀 豆（右）	泡水膨脹後的 孔雀豆（左） + 小實孔雀豆 （右）
種子 盆栽		
催芽 方法	破殼催芽法	

孔雀豆

心心相印耳環

·工具·

①平口鉗、②斜口鉗、③錐子、④圓嘴鉗、
⑤橡皮擦、⑥絕緣膠帶

·材料·

①孔雀豆種子 2 個、②4*9mm 羊眼釘 2 個、
③3mm 魚耳鉤耳環 2 個、④1.5mm 鋁線
（10cm）*2 條

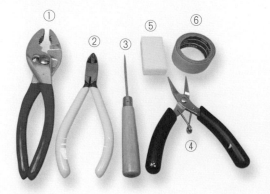

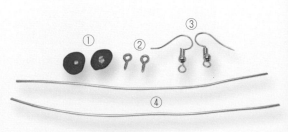

1 孔雀豆種子有時會有較硬
的種臍，可用斜口鉗剪掉。

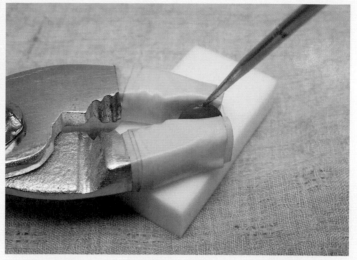

2 先用絕緣膠帶於平口鉗兩端各纏繞 8～10 圈，避免傷到種
子。橡皮擦墊於下方止滑，用平口鉗稍微用力夾住種子，以
錐子插在種臍的點上略微施力。

3 鑽出一個深約 0.15 公分的
小洞。

Point

孔雀豆種子表面光滑，
操作時請特別小心。

4 將羊眼釘旋轉扭入洞口，
只剩羊眼露出，羊眼洞口
與種子平行。（勿過度扭
入以免種皮破裂）

5 鋁線稍對折後於圓嘴鉗前
端交叉形成一個小圓。

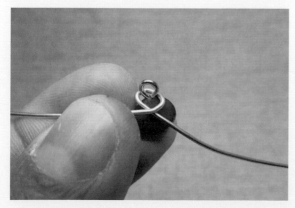

6 鋁線上的小圓略鬆開一點，
扣入裝好羊眼釘的孔雀豆
種子，左右再扣緊，讓鋁
線固定於羊眼圈上。

  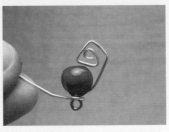

7　鋁線的尾端用圓嘴鉗夾住後轉出一個小圓。

8　圓嘴鉗以尾端的小圓為中心，取適度距離向內凹折。

9　折出心形。

10　兩側重複同樣動作。
（長短取的不同，凹折出的角度就會有些微差異，這就是手作的獨特性）

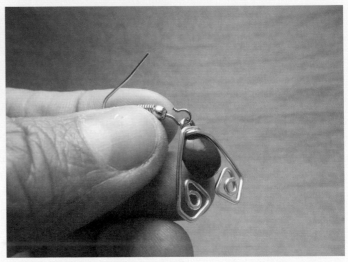

11　用圓嘴鉗將耳環基部的耳鉤打開，套入羊眼後再夾合。（孔雀豆種子上鋁線交叉的部分與耳鉤開口同一側套入）

12　重複動作則可完成一對獨特的「心心相印耳環」。

銀杏
Ginkgo biloba

Data /

科　名：銀杏科

別　名：公孫樹

商品名：白果

催芽方法：破殼催芽法

泡水時間：破殼後泡水 7 天

催芽時間：約 2 ～ 4 週

有毒部位：種子不可生食，煮熟
可吃，但不可過量。

熟果季　□春　□夏　☑秋　☑冬

適合種植方式　☑土耕　☑水耕

種子保存　□可　☑不可

即播型種子

照顧難易度　★★★☆☆

日照強度　★★☆☆☆

植物簡介

冬天落葉模樣。

落葉喬木。

141

樹皮呈灰褐色，不規則縱裂粗糙。

葉為簇生，同棵樹上，葉呈扇形、中央淺裂、深裂或不裂均有。

花為黃綠色，此為雄葇荑花，葇荑狀。

雌葇荑花，單生。

裸子植物，種子為圓形，此為成熟種子。

盆栽輕鬆種

成熟種子
種子的種皮微軟，呈黃綠色，有異味。

1 去除假種皮後，種子為白色水滴狀，種子尖處為芽點。

2 去除假種皮時，皮膚較敏感的人容易脫皮，請戴手套清洗。可用牙齒像嗑瓜子一樣或利用鉗子夾壓略破，泡水七天，每天換水，到了第三天，請捨棄浮在水面的種子。

3 種子擦乾，芽點朝下平放於水苔上，容器蓋上蓋子等待發芽，約二～三週出芽，長出白色的根。建議 2 公分以下採土耕種植，水耕則至少要 5 公分以上的根系較佳。

4 盆器放入九分滿的土，先戳一個小洞，根向下種植，種子放置於土面上，排列時不要太密集。鋪一層薄薄麥飯石，讓土與種子隔離，澆水澆透，之後二天澆水一次。

5 定植後約十天成長狀況。

6 約二個月成長狀況。

7 約三個月成長狀況。

8 約四個月成長狀況。

9 約六個月成長狀況。

10 約九個月成長狀況。

冬天葉子由綠轉黃而後落葉。

冒新芽。

落葉後進行修剪。

修剪後長新芽模樣。

水耕

NG

約七個月成長狀況。

感染介殼蟲。

銀葉樹

Heritiera littoralis

Data /

科　名：錦葵科梧桐亞科

別　名：大白葉仔

催芽方法：破殼催芽法

泡水時間：7 天

催芽時間：(1) 破全殼：約 1～2 週 (2) 破兩個小洞：約 3～4 週

種子保存方法：常溫保存即可

熟果季　□春　☑夏　☑秋　□冬

適合種植方式　☑土耕　☑水耕

種子保存　☑可　□不可

照顧難易度　★☆☆☆☆

日照強度　★☆☆☆☆

植物簡介

常綠喬木。

樹幹挺直，基部常形成板根狀，樹皮幼時銀灰色，較光滑；老時灰黑色，縱裂。

葉為單葉互生，嫩葉為紅色。

葉背為銀白色。

花為米暗紅色，圓錐花序，雌雄同株異花。

果實為堅果，幼果。

熟果。

盆栽輕鬆種 | 破殼 1：破全殼

熟果
果實為咖啡色。

1 去除果皮後，剝除咖啡色種皮，種子呈米色
圓形狀，紅點處為芽點。

146

2 選果實圓胖的一端，用剪刀橫剪開來。

3 接著在龍骨側略剪出痕跡，小心不要剪太深，以免傷到種子。

4 用剪刀在刀痕上施力往外翻，待翻開後用手剝開。

5 泡水七天，每天換水，邊泡水邊去除種皮，到了第三天，請捨棄浮在水面的種子。

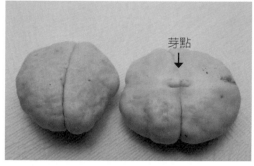

芽點

6 種子背面是芽點。

7 種子擦乾，芽點朝下平放於水苔上，容器蓋上蓋子，等待發芽。約一～二週內出芽，長出約 2 ～ 3 公分白色的根，即可土耕。

8 盆器放入九分滿的土，先戳一個小洞，根向下種植，種子放置於土上，葉子頗大，種子排列時不要太密集。

9 鋪一層薄薄麥飯石讓土與種子隔離，澆水澆透，之後二天澆水一次。

10 定植後，約二週成長狀況，種仁變綠。

11 約三週成長狀況。

12 約四週成長狀況。　　13 約二個月成長狀況。　　14 約三個月成長狀況。

1 此面為龍骨。

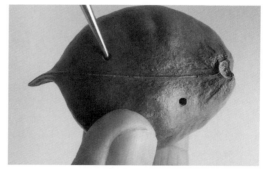

2 於龍骨背面，腹縫線兩側用錐子以旋轉方式戳兩個洞，戳到感覺中空就停止。

3 泡水七天，每天換水。（因屬海漂型果實，須以重物壓住）

4 泡水後，將果殼裡的水甩出，用布擦乾，芽點朝下平放於水苔上，容器蓋上蓋子，等待發芽，約三～四週內出芽，長出約 3 公分白色的根再移植土耕。

銀葉樹

5 盆器放入九分滿的土，先戳一個小洞，根向下種植，種子放置於土上。鋪一層薄薄麥飯石，讓土與種子隔離，以利保溼土壤，且種子比較不易腐爛，澆水澆透，之後二天澆水一次。

6 定植後約三週成長狀況。

7 約四週成長狀況；植株太高時，可利用膠帶
來塑型。

8 約八個月成長狀況。

10 多株栽植塑型。（約二
年六個月成長狀況）

9 約一年成長狀況。

水耕

約三個月成長狀況。

白子。

瓊崖海棠

Calophyllum inophyllum

Data /

科　名	瓊崖海棠科（藤黃科）
別　名	紅厚殼、胡桐
催芽方法	破殼催芽法
泡水時間	泡水 7 天
催芽時間	(1) 破全殼：約 2～3 週 (2) 破個小洞：約 2～3 個月
熟果季	☐春 ☐夏 ☑秋 ☑冬
適合種植方式	☑土耕 ☑水耕
種子保存	☑可 ☐不可
種子保存方法	帶殼常溫保存即可
照顧難易度	★☆☆☆☆
日照強度	★★★☆☆

瓊崖海棠

植物簡介

常綠喬木。

樹皮灰褐色至黑褐色，有不規則龜裂狀。

葉為單葉對生。

花白色，總狀花序，雌雄同株。

果實為核果，未熟果。

熟果。

盆栽輕鬆種 │ 破殼 1：破全殼

熟果
果實為黃綠偏咖啡色。

1 用榔頭輕輕將果皮敲開，取出種子泡水七天，每天換水，種子浮起來、沉下去皆可。

2　去除外果皮、果肉後，裡面的果皮為米色，
　　去除果皮後，種子為水滴狀米色種子，種子
　　圓胖處為芽點。

3　種子擦乾，芽點朝下放置於水苔上，容器蓋
　　上蓋子，尖點處朝上等待發芽，約二～三週
　　內陸續出芽。

4　種仁變紅，長出約 3 公分的白色根後移植
　　土耕。

5　盆器放入九分滿的土，先戳一個小洞，根
　　向下種植，種子放置於土上，勿埋入土裡，
　　由於葉片頗大，因此種子排列不要太密
　　集。

6　鋪一層薄薄麥飯石，讓土與種子隔離，以利
　　保溼土壤且種子不易腐爛，澆水澆透，之後
　　二天澆水一次。

7　定植後約二週成長狀況，種仁由粉紅轉綠
　　色。

瓊崖海棠

8 約三週成長狀況。

9 約四週成長狀況。

10 約六個月成長狀況。

11 約一年成長狀況。

12 約一年六個月成長狀況。

盆栽輕鬆種 | 破殼 2：破一個小洞

1 去除外果皮、果肉後，將果蒂用斜口鉗剪平。

2 用錐子從蒂頭處戳洞，小心慢慢地往下施加壓力。可用毛巾包住以避免種子滾動。

3 微裂後，用錐子撬開種皮。

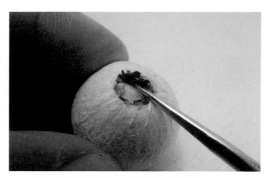

4 洞口會殘留種皮，用錐子挑乾淨。

5 完成破殼後的種子。

6 種子用重物壓住，泡水七天，需每天換水。

7 種子擦乾，芽點朝下平放於水苔上，容器蓋上蓋子，等待發芽，約二～三個月出芽，長出約 3 公分的白色根再移植。

8 盆器放入九分滿的土，先戳一個小洞，根向下種植，種子勿埋入土裡，排列不要太密集。鋪一層薄薄麥飯石，讓土與種子隔離，澆水澆透，之後二天澆水一次。

9 定植後約四週成長狀況。

10 約六週成長狀況。

11 約二個月成長狀況。

12 約一年二個月成長
狀況。

水耕

帶殼水耕。

脫殼水耕。

塑形。

Point

相似植物比較請參閱 p.206 福木。

瓊崖海棠

· 工 具 ·

①熱熔膠槍、②圓嘴鉗、③尖嘴鉗、④竹籤、
⑤鑷子、⑥油性細字奇異筆。

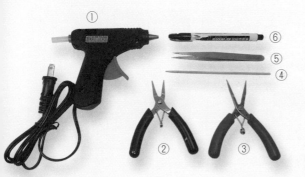

· 材 料 ·

①瓊崖海棠果實 1 個、②蒲葵果實 1 個、
③咖啡果實 2 個、④薏苡 2 個、 ⑤ 1.5mm
鋁 線（5cm）*1、 ⑥ 1mm 鋁 線（10cm）
*2。

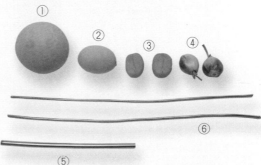

1　用尖嘴鉗夾除薏苡的花序軸後，接著用尖端插入洞口，左右旋轉將洞口挖到粗鋁線可以插入的大小。

2　先試著將粗鋁線套入薏苡，用手指估算一下薏苡套入的距離。

3　接著薏苡先拿掉，兩端夾好直角，將薏苡點上熱熔膠後套入。

4　接著取鋁線中間點彎折90度角，作為青蛙的腿。

5　瓊崖海棠果實上的果皮用鑷子邊刮邊夾的去除乾淨。

6　在瓊崖海棠果實上的凸點邊點上熱熔膠，黏上剛完成的青蛙腿。

 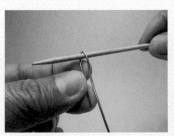 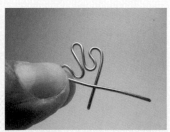

7　蒲葵較圓的一端朝前面橫向擺放，與瓊崖海棠黏合。咖啡果實上的凹線向前，橫向可略微歪斜的擺放與蒲葵黏合。

8　手的部分
將細鋁線左右取1：2的比例，利用竹籤的粗細與弧度彎折。

9　彎折出左右短、中間長的手指，完成後左右端鋁線交叉。

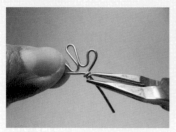

10 較短一端勾住鋁線後繞二圈，尾端用圓嘴鉗夾緊貼合，避免刺手。

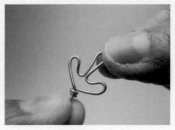

11 手部調整，將中指向上略微拉提。

12 用圓嘴鉗在中指與左右指的彎度上稍微夾合，就會有粗細相近的手指了。

13 完成手指後，鋁線尾端用圓嘴鉗夾出個小圈，之後彎折90度角。（重複上述步驟依序完成兩隻青蛙的手部）

14 小圈是為了與身體做貼合，可先比對貼合的角度再將熱熔膠點在小圈上與身體黏合。

15 完成所有黏合動作後，用油性細簽字筆畫上可愛的肚臍眼與嘴巴，Q版青蛙就完成囉！

16 Q版青蛙搭配不同形狀的咖啡果實，可以創造出每個個性獨特的蛙蛙喔！

瓊崖海棠

蛋黃果

Lucuma nervosa

Data /

科　名：山欖科

別　名：獅頭果、蛋果

商品名：仙桃

催芽方法：破殼催芽法

泡水時間：破殼後泡水 3 天

催芽時間：約 2～3 週

熟果季　□春　□夏　☑秋　☑冬

適合種植方式　☑土耕　☑水耕

種子保存　□可　☑不可

即播型種子

照顧難易度　★☆☆☆☆

日照強度　★★★☆☆

植物簡介

常綠喬木。

樹皮灰褐色略平滑，老幹有不規則深裂紋。

葉為單葉互生。

花白色或淡黃色，聚繖花序，雌雄同株。

果實為漿果，未熟果。

熟果。

盆栽輕鬆種

熟果
果實為黃色。

1　去除果皮、果肉後，裡面種子為褐色與白色相間，約 1 ～ 3 顆不等。尖端處為芽點（種臍另一端即為芽點）。

2 用斜口鉗在芽點一端的褐色與白色接縫處輕輕夾壓破殼，注意勿平剪以免傷到芽點。

3 破殼後，用小剪刀略修平整，讓芽點清楚明顯。

4 種子泡水三天，每天換水，到了第三天，請捨棄浮在水面的種子。

Point
偶爾遇到種子芽點方向不同，順著芽點種植，不會影響植株生長。

5 種子芽點朝下放置於水苔上，容器蓋上蓋子，約二～三週出芽，建議 2 公分以下採土耕種植，水耕的根系則至少要 5 公分以上較優。

6 盆器放入九分滿的土，用夾子先戳一個小洞，根向下種植，種子放置於土上，勿埋入土裡，葉子頗大，因此種子排列不要太密。

7 鋪一層薄薄麥飯石，讓土與種子隔離以利保溼土壤，且種子比較不容易因直接觸土壤而腐爛，澆水澆透，之後二天澆水一次。

屬於多芽
點植物。

8 約一個月成長狀況。

因種子狀似企鵝，貼
上眼睛可增加趣味感。

9 約一個半月成長狀況。

10 約二個半月成長狀況。

11 約五個月成長狀況。

蛋黃果

水耕

12 約六個月成長狀況。

水苔耕。

相 似 植 物 比 較

	蛋黃果	黃金果	大葉山欖
果實			
種子			
種子盆栽			
催芽方法	水苔催芽法		夾鏈袋催芽法

·工具·

①熱熔膠槍、②鑷子、③斜口鉗、④花剪。

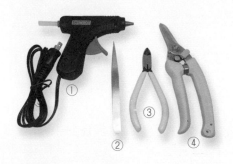

·材料·

①蛋黃果種子 2 個、②台灣梭羅樹果皮 8 小瓣、③6mm 塑膠眼珠 4 個、④枯枝 4 小段（約 1cm 長）、⑤厚木片 1 片（要利用台灣梭羅樹果皮製作企鵝的翅膀與腳，因此需挑選左右對稱且大小與蛋黃果差異不大的）。

1 蛋黃果的種子尖端當企鵝嘴，所以朝上。在種子的側邊中間位置點上熱熔膠，黏上台灣梭羅樹果皮。

2 黏貼完畢後自正面檢視有無左右對稱。

3 企鵝腳的部分：
台灣梭羅樹果皮可用花剪略為修剪其尖端處。

4 讓頭尾皆呈橢圓形，以表現腳部的可愛。（如圖右所示）

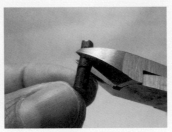

5 用斜口鉗略為修剪枯枝角度以搭配蛋黃果，並以花剪裁成 0.6 ～ 0.9 公分長。

6 在修剪成橢圓形的台灣梭羅樹果皮上黏貼枯枝作為腳部。

7 腳部完成後與企鵝身體做黏合。

8 最後在企鵝嘴部的尖端處後方兩側點熱熔膠，貼上塑膠眼珠。（也可利用立可白搭配黑色油性筆，點出可愛的眼神喔！）

9 可愛的呆萌企鵝完成囉！

釋迦
Annona squamosa

Data /

科　名	番荔枝科
別　名	番荔枝、佛頭果
催芽方法	破殼催芽法
泡水時間	破殼後泡水 7 天
催芽時間	泡水後約催芽 1～2 週
熟果季	□春 □夏 ☑秋 ☑冬
適合種植方式	☑土耕 □水耕
種子保存	□可 ☑不可
	即播型種子
照顧難易度	★★★★☆
日照強度	★★★★★

釋迦

植物簡介

半落葉喬木。

莖灰褐色，表面平滑多分枝。

葉為單葉互生。

花淡綠色，單生或2～3朵叢生，雌雄同株。

近熟果。

熟果。

盆栽輕鬆種

熟果
果實為黃綠色。

1 去除果皮、果肉後，具黑色種子數顆，種子
尖端處為芽點。

芽點
→

2 用鉗子將芽點處輕輕夾開，接著泡水七天，浮沉均可。

3 種子芽點朝下放置水苔上，容器蓋上蓋子等待發芽，約一～二週出芽，悶出約 1 公分的根後即可土耕。

4 盆器放入九分滿的土，先戳一個小洞後將根向下種植，種子放置於土上，由外向內排列。

5 種子間用麥飯石固定，以利保溼土壤，勿用麥飯石全部掩埋，以免種子爛掉，澆水兩三圈即可，之後二天澆水一次。

6 定植後約三天成長狀況，子葉出土型。

7 約七天成長狀況。

8 水盡量噴在種子上,軟化種殼,盡早剝除種皮。

9 約九天成長狀況。

10 約三週成長狀況。

11 約四個月成長狀況。

12 約九個月成長狀況。

NG

脫皮太慢導致子葉葉尖變黑。

水太少,葉尾出現變黑狀況。

相 似 植 物 比 較

	釋迦	鳳梨釋迦
果實		
種子		
種子盆栽		
催芽方法	破殼催芽法	

釋迦

木玫瑰
Merremia tuberosa

Data /

科　名：旋花科

別　名：姬旋花、木香薔薇

催芽方法：水苔催芽法

泡水時間：7天

催芽時間：約 2～3 週

種子保存方法：種子連帶果實
陰乾後，常溫保存即可。

熟果季　☑春　□夏　□秋　□冬

適合種植方式　☑土耕　□水耕

種子保存　☑可　□不可

蓋上蓋子　☑可　□不可

照顧難易度　★★☆☆☆

日照強度　★★★★★

植物簡介

木質藤本。

葉為單葉互生。

幼芽為紅色，莖木質化後呈灰褐綠色，具皮孔。

花黃色，單生或聚繖狀花序，雌雄同株。

熟果。

果實為蒴果，
未熟果。

萼片不規則開裂且呈木質化，果實成熟後，猶如一朵褐色乾燥玫瑰，因而得名。

盆栽輕鬆種

熟果
果實為咖啡色。

芽點

1 去除果殼後，黑色種子約 2 ～ 3 顆，淺咖啡色圓點為芽點。

2 種子泡水直到膨脹（右），約七天即可悶芽，每天換水。到了第三天，請捨棄浮在水面的種子。

3 種子擦乾，芽點朝下平放於水苔上，容器蓋上蓋子，約二至三週出芽。

4 根莖出來即可種植。

5 盆器放入九分滿的土，先戳一個小洞，輕輕夾住根部向下種植。

6 種子放置於土上，埋到根與莖的交界處即可，勿將莖埋入以防爛莖現象。植株葉子頗密，以單顆或少量種子種植即可。

7 種子間用麥飯石固定，以利保溼土壤，勿用麥飯石全部掩埋，以免種子爛掉，澆水澆透，之後二天澆水一次。

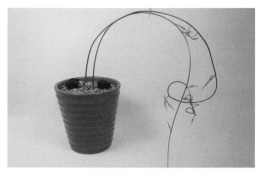

8　定植七天成長狀況，藤蔓植物會先長出藤蔓
　　再展葉。

9　用硬鋁線做個螺旋支撐架插入土中，鋁線高
　　度與盆器高度一般即可，之後螺旋高度可視
　　個人喜好調整。

10　單一螺旋支撐架不平衡，可在螺旋支撐
　　　架的鋁線開頭對面，將 U 形鋁線插入土
　　　裡加強固定。

11　固定好支撐架後，將成長中的木玫瑰藤
　　　蔓隨意地攀附在支撐架上。

12　約二週成長狀況。

13　約四週成長狀況。

枇杷

Eriobotrya japonica

Data /

科　名：	薔薇科
別　名：	金丸、琵琶果
催芽方法：	水苔催芽法
泡水時間：	3 天
催芽時間：	約 5 天
熟果季	☑春 □夏 □秋 □冬
適合種植方式	☑土耕 ☑水耕
種子保存	□可 ☑不可
	即播型種子
蓋上蓋子	☑可 □不可
照顧難易度	★★★☆☆
日照強度	★★★★★

植物簡介

常綠喬木。

樹皮灰褐色，粗糙，老樹皮易剝落。

單葉互生。

枝條葉子上全部密被淡褐色絨毛。

花白色或淡黃色，圓錐花序，雌雄同株。

熟果。

果實為仁果，
近熟果。

盆栽輕鬆種

熟果
果實由黃轉為橘色。

芽點

1 去除果皮、果肉後，裡面具 1～4 顆咖啡
色種子不等，種子尖端為芽點。

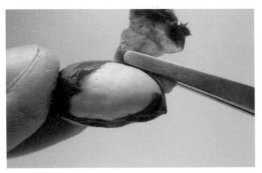

2 泡水約一天左右，即可將種皮去除，種子為
白綠色。

3 繼續泡水三天，每天換水，到了第三天請捨
棄浮在水面的種子。

4 種子擦乾，芽點朝下放置於水苔上，容器蓋
上蓋子，等待發芽。

5 約五天出芽，發芽約 1～2 公分即可種植。

6 盆器放入九分滿的土，先戳一個小洞，根向
下種植，種子由外向內排列於土上，勿埋入
土裡。

7 種子間用麥飯石固定，以利保溼土壤，勿用
麥飯石全部掩埋，以免種子爛掉，澆水澆
透，之後二天澆水一次。

8 二週成長狀況，子葉顏色由淺綠轉為深綠色。

9 約三週成長狀況。

10 約五週成長狀況。

11 約六週成長狀況。

枇杷

12 約四個月成長狀況。

13 約五個月成長狀況。

14 約一年成長狀況。

葉子被絨毛。

NG

夏天植株，碰到鐵窗造成的葉片燙傷。

缺水葉尖變枯。

感染蚜蟲。

澆水不均勻。

酒瓶椰子

Hyophorbe lagenicaulis

Data /

科　名	棕櫚科
別　名	德利椰子
催芽方法	水苔催芽法
泡水時間	14 天
催芽時間	約 2～6 個月
熟果季	☑春 ☑夏 □秋 □冬
適合種植方式	☑土耕 ☑水耕
種子保存	□可 ☑不可
	即播型種子
蓋上蓋子	☑可 □不可
照顧難易度	★☆☆☆☆
日照強度	★☆☆☆☆

植物簡介

常綠喬木，葉為羽狀複葉。

樹幹似酒瓶狀，樹皮褐色有顯著環狀紋路。

花白色，肉穗花序，雌雄同株異花。

果實為漿果，幼果。

近熟果。

熟果為黃色。

盆栽輕鬆種

熟果
黃色或咖啡色果實，須將果皮去除，裡面種皮為米色接近灰色，方為熟果。

1 去除果皮、果肉後，種子為灰色，中間是芽點。

2 去除果皮、果肉後，約泡水十四天，每天換水，到了第三天，請捨棄浮在水面的種子。皮膚容易過敏發癢的人請戴手套進行。種子埋入水苔，容器蓋上蓋子，等待發芽，約二～六個月出芽。

3 埋苔出芽，確認芽點方向後移到水苔上，繼續將根養長，待長根長莖後再移植。

4 根長約 2 公分即可土耕。

5 盆器放入九分滿的土，種子芽點朝下由外向內排列種植，種子放置於土上，勿埋入土裡。

6 種子間用麥飯石固定，以利保溼土壤，勿用麥飯石全部掩埋，以免種子爛掉，澆水澆透，之後二天澆水一次。

7 定植後約十天成長狀況。

酒瓶椰子

8 約三週成長狀況。

9 約四週成長狀況。

葉緣為紅色。

10 約六週成長狀況。 *11* 約四個月成長狀況。

12 約六個月成長狀況。

水耕

13 約五年成長狀況。

約六個月成長狀況。

掌葉蘋婆

Sterculia foetida

Data /

科　名：錦葵科 (梧桐亞科)

別　名：裂葉蘋婆、豬屎花、香蘋婆

催芽方法：水苔催芽法

泡水時間：泡至種皮裂開，約 3～5 天

催芽時間：約 7 天

熟果季　☑春　☑夏　□秋　□冬

適合種植方式　☑土耕　☑水耕

種子保存　□可　☑不可

即播型種子

蓋上蓋子　☑可　□不可

照顧難易度　★★★☆☆

日照強度　★★★☆☆

掌葉蘋婆

植物簡介

落葉喬木。

冬天落葉模樣。

185

樹幹挺直，樹皮灰色或灰褐色，具皮孔。

葉為掌狀複葉，嫩葉為紅色。

花暗紅色，圓錐花序，雌雄同株異花，會散發出像豬屎般的味道而有豬屎花之稱，此為雄花。

雌花。

果實為蓇葖果，未熟果。

熟果。

熟果
果殼開裂，裡頭種子為銀灰色。

1　種子外種皮呈薄膜狀，去除薄膜後，裡面種
　子為深紅或咖啡色。

2　泡水三～五天，每天換水，直到種皮軟化，
　浮起或下沉皆可。

3　去除外種皮，繼續泡水直到種皮裂開，泡裂
　一顆就悶一顆，種皮若不裂，最多泡五天也
　要置於水苔上。

4　種皮泡裂開後，種子擦乾芽點朝下，放置於
　水苔上等待出芽，約七天出芽。

5　悶出約 2 公分的根。

掌葉蘋婆

187

6 盆器放入九分滿的土，先戳一個小洞後根向下種植，種子放置於土上，勿埋入土裡，葉子頗大，種子排列不要太密。

7 種子間用麥飯石固定，以利保溼土壤，勿用麥飯石全部掩埋，以免種子爛掉，澆水兩三圈即可，之後二天澆水一次。

8 定植後約五天成長狀況，子葉出土型。

9 約八天成長狀況。

10 約十八天成長狀況。

11 當子葉不再提供養分給植株時，會自動脫落。

12 約二十五天成長狀況。

13 約一個月成長狀況。

14 約三個月成長狀況。

15 約十個月成長狀況。

NG

感染紅蜘蛛。

水分過多

189

相 似 植 物 比 較

	掌葉蘋婆	蘋婆	蘭嶼蘋婆	假蘋婆
果實				
種子				
種子盆栽				
催芽方法	水苔催芽法			

紅楠
Machilus thunbergii

Data /

科　名	樟科
別　名	豬腳楠、鼻涕楠
催芽方法	水苔催芽法
泡水時間	5 天
催芽時間	約 2～3 週
熟果季	□春 ☑夏 □秋 □冬
適合種植方式	☑土耕 □水耕
種子保存	□可 ☑不可
	即播型種子
蓋上蓋子	☑可 □不可
照顧難易度	★★☆☆☆
日照強度	★★★★★

紅楠

常綠喬木。

莖的樹皮粗糙皮孔顯著，呈灰褐色，有縱向細裂紋，略呈不規則片狀剝落。

葉為單葉互生。

嫩葉為紅色。

新芽苞呈紅色，遠看似紅燒豬腳，又稱豬腳楠。

花黃綠色，圓錐花序，雌雄同株。

未熟果（綠色）／熟果（紫色）。

盆栽輕鬆種

熟果
果實為紫色。

1 去除果皮、果肉後，裡面種子為淺咖啡色帶
　紋路，種子中心黑色點是芽點。

2 約泡水五天，每天換水，到了第三天，請捨棄浮在水面的種子。種子擦乾芽點朝下，置於水苔上，容器蓋上蓋子，等待發芽，約二～三週出芽，悶出約 1～2 公分的根。

3 盆器放入九分滿的土，種子芽點朝下，由外向內排列種植。

4 蓋上少許麥飯石，用手指略壓一下，讓種子與麥飯石密合，澆水澆透，之後二天澆水一次即可。

5 約十天成長狀況。

幼葉油亮顏色漸層。

6 約二週成長狀況，植株有向光性。

7 約三週成長狀況。

8 約六個月成長狀況。

植株開始木質化。

9 約八個月成長狀況。

NG

葉下垂狀態表缺水，需補水。

缺水。

介殼蟲可用清水清除。

紅楠為陽性植物，日照要好，光
照不足會造成徒長現象。

相 似 植 物 比 較

	紅楠	香楠
果實		
種子		
種子 盆栽		
催芽 方法	水苔催芽法	

紅
楠

楊梅
Myrica rubra

Data /

科　名：楊梅科

別　名：樹梅、銳葉楊梅

催芽方法：水苔催芽法

泡水時間：14 天

催芽時間：約 10 ～ 18 個月

熟果季　□春　☑夏　□秋　□冬

適合種植方式　☑土耕　□水耕

種子保存　□可　☑不可

即播型種子

蓋上蓋子　☑可　□不可

照顧難易度　★★☆☆☆

日照強度　★★★★★

植物簡介

常綠喬木。

莖枝粗壯，樹皮灰褐色，具縱向裂溝。

葉為單葉互生。

嫩葉為紅色，葉緣有微鋸齒狀。

花為紅黃色，雌雄異株，此為雌花。

雄花為葇荑花序。

熟果（紅色）。

果實為核果，未熟果。

盆栽輕鬆種

熟果
果實為紅色，果肉為白色。

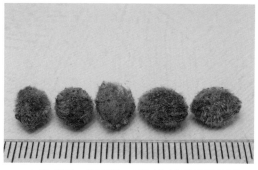

1 去除果皮、果肉後，種子為咖啡色帶絨毛。

2 利用紗網或網篩來回摩擦以去除多餘果肉，直到沒有滑膩感即可。泡水約十四天，每天換水，到了第三天，請捨棄浮在水面的種子。

3 種子埋入水苔裡，容器蓋上蓋子，等待發芽。

4 約十～十八個月出芽，種植時若發芽種子已經脫殼，便可將殼去除，若未脫殼的，可帶殼種植。

5 盆器放入九分滿的土，用夾子先戳一個小洞，根向下種植土耕。

6 蓋上少許麥飯石，用手指略壓一下，讓種子與麥飯石密合，澆水澆透，之後二天澆水一次即可。

7 定植後約二週成長狀況。

被撐起的果殼可用夾子輕輕夾除，讓植株順利展葉。

8 約三週成長狀況。

9 約六週成長狀況。

楊梅小苗的葉子有
深裂，與一般長大
植株的葉型不同。

10 約六個月成長狀況。

11 約八個月成長狀況。

NG

缺水後，又給水過多，造成葉尾變黑。

晒傷。

酪梨
Persea americana

Data /

科　名：樟科

別　名：牛油果、鱷梨

催芽方法：水苔催芽法

泡水時間：約 2 ～ 3 天

催芽時間：約 2 ～ 3 週

熟果季　□春 ☑夏 ☑秋 □冬

適合種植方式　☑土耕 ☑水耕

種子保存　□可 ☑不可

即播型種子

蓋上蓋子　□可 ☑不可

照顧難易度　★☆☆☆☆

日照強度　★☆☆☆☆

植物簡介

樹幹灰褐色，具縱向裂溝。

常綠喬木。

葉為單葉互生。

花為淡黃色,圓錐花序,雌雄同株。

果實為漿果,幼果。

熟果。

近熟果。

盆栽輕鬆種

熟果
果實顏色為黑綠色、變軟,果肉為米白色。

芽點

1 去除果皮、果肉、種皮後,種子為米色,種子圓胖處是芽點。

2 果實輕輕橫剖劃一刀，不要切到種子。

3 利用左右扭轉的方式，分離果皮果肉與種子。

4 將種皮剝除，若無法剝除乾淨，可在泡水期間慢慢剝除。

5 種子泡水三天後，種子尖端朝上置於水苔上，等待發芽。

6 約二～三週出芽，悶出約 2 ～ 5 公分的根。

7 盆器放入九分滿的土，用夾子先戳一個小洞，根向下種植，種子放置於土上，勿埋入土裡，葉子頗大，種子以單株為主要種植方式。

8 鋪一層薄薄麥飯石，讓土與種子隔離，以利
保溼土壤及種子比較不容易腐爛，澆水澆
透，之後二天澆水一次。

9 約二週成長狀況。

10 在植株莖嫩時比較容易塑形，先輕輕按
壓嫩莖，再慢慢下壓至想要的彎度。

11 利用透明膠帶將它固定，再利用植物的
向光性，呈現不同的展葉姿態。

酪
梨

12 約五週成長狀況。

13 約二個月成長狀況。

14 約四個月成長狀況。

15 約八個月成長狀況。

水耕

約二個月成長狀況。

約二個月成長狀況。
（水苔耕）

約三個月成長狀況。
（麥飯石水耕）

酪梨綴化成長少見，因芽點較多，相對成長速度較為緩慢。

相似植物比較

	酪梨	美國酪梨
果實		
種子		
種子盆栽		
催芽方法	水苔催芽法	

酪梨

福木

Garcinia subelliptica

Data /

科　名	藤黃科
別　名	福樹、楠仔
催芽方法	水苔催芽法
泡水時間	7 天
催芽時間	約 2～3 週
熟果季	□春 ☑夏 ☑秋 □冬
適合種植方式	☑土耕 ☑水耕
種子保存	□可 ☑不可
	即播型種子
蓋上蓋子	☑可 □不可
照顧難易度	★☆☆☆☆
日照強度	★☆☆☆☆

植物簡介

常綠喬木。

樹幹粗狀，樹皮黑褐色，具有乳汁。

葉為單葉對生。

雌花。

花為黃色或淡黃色，穗狀
花序，雌雄異株，偶同株。

果實為漿果，熟果。

雄花。

盆栽輕鬆種

熟果
果實為黃色，有瓦斯般氣味。

1 去除果皮果肉後，裡面種子為咖啡色 1 ～ 5
顆不等。

2 　去除果皮後種子富含果膠，利用泡水，每天換水清洗至乾淨。

3 　泡水七天，每天換水，到了第三天，請捨棄浮在水面的種子。種子種皮去除或不去除均可。

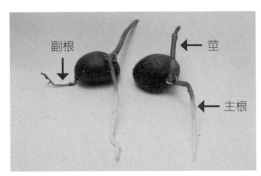

副根

莖

主根

4 　種子埋入水苔，蓋上蓋子，等待發芽，約二～三週長副根，待副根長出來後，確認芽點方向，改為平放於水苔上，主根較直不會扭轉。

5 　主根、副根與莖均長出後（如左邊種子）即可定植，約四週時間。定植前，副根可去除。（如右邊種子）

6 　盆器放入九分滿的土，用夾子先戳一個小洞，根向下種植，種子放置於土上，勿埋入土裡。

7 　種子間用麥飯石固定，以利保溼土壤，勿用麥飯石全部掩埋，以免種子爛掉，澆水澆透，之後二天澆水一次。

8 約四週成長狀況。　　*9* 約六週成長狀況。　　*10* 約二個半月成長狀況。

11 約六個月成長狀況。　　*12* 約二年成長狀況。

水耕

約六個月成長狀況。

約六個月成長狀況
（水苔耕）。

麥飯石水耕，民國 85 年種下後，從未換過盆，目前最長壽的種子盆栽。福木是非常適合在室內成長的植物，記得給水與通風良好即可。

相 似 植 物 比 較

	福木	瓊崖海棠	蛋樹（大葉藤黃）
果實			
種子			
種子盆栽			
催芽方法	水苔催芽法		

檳榔

Areca catechu

Data /

科　名	棕櫚科
別　名	青仔
催芽方法	水苔催芽法
泡水時間	7 天
催芽時間	約 3 ～ 5 週
有毒部位	果實（倒吊子）
熟果季	□春 ☑夏 ☑秋 □冬
適合種植方式	☑土耕 ☑水耕
種子保存	□可 ☑不可
即播型種子	
蓋上蓋子	☑可 □不可
照顧難易度	★☆☆☆☆
日照強度	★☆☆☆☆

植物簡介

常綠喬木，葉為羽狀複葉。

樹幹褐色通直不分枝，細長圓柱形，具明顯的環狀紋路。

葉為羽狀複葉。

花白色，肉穗花序，雌雄同株異花。雄花小，著生於小梗先端。

雌花較大，著生於小梗基部。

果實為核果，熟果，撿拾時帶黃色果皮為優，發芽率也會比較好。

盆栽輕鬆種

熟果
果皮為黃色。

1 去除果皮、果肉後，種子帶纖維的部分，請保留。

2 將外果皮由尖端處往下剝掉後，泡水七天，每天換水，並捏壓種子去除汁液。要去除果皮的時候，皮膚容易過敏的人請戴手套。到了第三天，請捨棄浮在水面的種子。

3 將果實纖維往外翻。

4 用剪刀撥開纖維內側，將靠近種子處的纖維修剪一下，讓芽點更為明顯。

5 將帶纖維的種子放在乾毛巾上，通風晾乾三十分鐘，避免纖維直接悶芽而發霉，再將纖維處外翻，以束線帶固定，放在水苔上，容器蓋上蓋子，等待出芽。

6 約三～五週芽點出現。

7 悶芽時，偶有芽點處發生中空情形（左圖所示），這表示種子不良，種仁腐爛，請儘快捨棄去除，以避免長蟲。

8 悶芽約五週發芽狀況。

9 悶芽約二個月發芽狀況，長根長莖後再定植。

10 盆器放入九分滿的土，用夾子先戳一個小洞，根向下種植，種子放置於土上，勿埋入土裡，葉子頗大，種子種植以單株或少顆為主。

11 鋪一層薄薄麥飯石，讓土與種子隔離，以利保溼土壤，且種子比較不容易因接觸土壤而腐爛，澆水澆透，之後二天澆水一次

12 定植後約三週成長狀況。

13 約六週成長狀況。

214

14 約三個月成長狀況。

15 約四個月成長狀況。等待子葉展開後，再將種子纖維上的束線帶移除，讓纖維開展變成漂亮的帽子狀，形成檳榔種子盆栽觀賞的重點。

水耕

約四個月成長狀況。

約四個月成長狀況。
（水苔耕）

麥飯石水耕。

NG

缺水葉尾焦乾。

嚴重缺水乾枯。

種子 DIY
檳榔娃娃

利用檳榔粗纖維、青剛櫟的殼斗、破布子的蒂頭、一段
小枯枝做個迷你毽子,可以讓檳榔娃娃更顯逗趣。

·工具·

①熱熔膠槍、②尖嘴鉗、③斜口鉗、
④鑷子、⑤油性簽字筆、⑥尖頭圓
銼刀、⑦花剪。

·材料·

①乾燥的檳榔果實 2 個、②瓊崖海棠果實 1
個、③薏苡 2 個、④銀葉樹的末熟果(小的)
2 個、⑤裝飾蝴蝶結 1 個、⑥ 6mm 塑膠眼珠
2 個、⑦內縮 45 度角的細枯枝 2 枝(較長的
一端約 3.5 公分)、⑧粗的枯枝 2 枝(約 5.5
公分)、⑨木片一片。

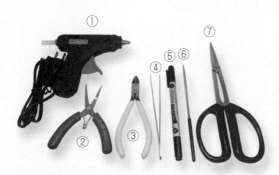

1 先取一個檳榔將粗纖維往外翻，看到種子後用斜口鉗修出圓邊。

2 將種子取出。

3 用花剪將粗纖維部分稍微修剪平整與短一些。

4 瓊崖海棠清洗後晾乾會有少許果皮殘留，可用鑷子刮除，或用砂紙磨除。

5 將清除乾淨的瓊崖海棠塞入修剪完成的檳榔內約 1／3 處。若塞不進去就用斜口鉗將檳榔的內側圓邊再修剪大一些，直到能塞入貼合為止。

6 瓊崖海棠與檳榔做黏合後，在臉部分別黏上塑膠眼珠。

7 用油性簽字筆畫上微笑。（若無把握可先用鉛筆打草稿）

8 將頭部與身體做黏合。（作為身體部分的另一個檳榔，只要將粗纖維外翻及修剪，無須取出種子，才能有固定點與腳部做黏合）

9 手的部分將薏苡的花序軸清除乾淨。

10 細枯枝較細的一端前端可略微修剪斜角後與薏苡做黏合。

11 腳的部分
小銀葉樹果實用尖頭圓銼刀於 1／3 處銼出一個洞。

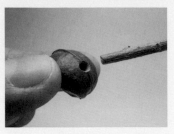

12 洞口大小要與粗枯枝吻合，所以可以邊銼邊測量尺寸，直到能夠塞入為止。

13 手與腳分別完成初步組合。

14 先將一隻腳黏於木片上做固定。

15 在枯枝點上熱熔膠後，將娃娃放上去固定。

16 將另一隻腳做出俏皮往外踢的模樣，再與身體做黏合。

17 手部要與身體做黏合的一端，先確認彎曲角度後再做斜角度的修剪。

18 將已修剪斜度的手部與身體做黏合固定。最後黏上裝飾蝴蝶結，俏皮的檳榔娃娃就完成了。

藍棕櫚
Latania loddigesii

Data /

科　名	棕櫚科
別　名	藍脈葵、羅傑氏棕櫚
催芽方法	水苔催芽法
泡水時間	7 天
催芽時間	約 1～2 個月
熟果季	□春 ☑夏 □秋 □冬
適合種植方式	☑土耕 ☑水耕
種子保存	□可 ☑不可
	即播型種子
蓋上蓋子	☑可 □不可
照顧難易度	★☆☆☆☆
日照強度	★☆☆☆☆

藍棕櫚

植物簡介

常綠喬木，葉為掌狀複葉。

樹幹灰褐色通直粗糙，具縱細裂縫。

花黃色，肉穗花序，雌雄異株。

雄花。

果實為核果，未熟果。陽光過多，導致果實轉紅，無黑點故判未熟。

近熟果。果實墨綠色帶黑點，更為明顯時，即為熟果。

盆栽輕鬆種

熟果
果實為墨綠色帶黑點。

芽點
↓

1 去除果皮、果肉後，種子帶紋路，裡面的米色種子約 1～3 顆不等，寬胖紋路處是芽點。

2 　泡水七天，每天換水並用銅刷刷洗。去除果皮時，皮膚容易過敏的人請戴手套。到了第三天，請捨棄浮在水面的種子。

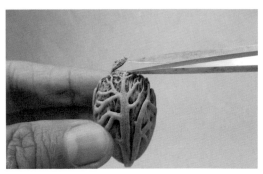

3 　在泡水清洗果皮、果肉同時，須將種子芽點處尾端進行修剪，以利泡水。

4 　種子芽點朝下，放在水苔上，容器蓋上蓋子，等待出芽。

5 　種子因授粉的關係，會有不同的形狀產生。

6 　約一至二個月發芽。
　土耕：根長 2 公分內；水耕：根長 5 公分以上；此圖為悶芽約二個月的發芽狀況。

7 　盆器放入九分滿的土，用夾子先戳一個小洞，根向下種植，種子放置於土上，勿埋入土裡，葉子頗大，種子種植以單株或少顆為主。

8 種子間用麥飯石固定，以利保溼土壤，勿用
麥飯石全部掩埋，以免種子爛掉，澆水澆
透，之後二天澆水一次。

9 定植後約二個月成長狀況。

葉緣帶紅邊
且有白毛及
微鋸齒狀。

10 約六個月成長狀況。

11 約一年成長狀況。

12 約三年成長狀況。

水耕

約四個月成長狀況。

約六個月成長狀況。

約一年成長狀況。

約一年六個月成長狀況。
（麥飯石水耕）

相 似 植 物 比 較

	藍棕櫚	霸王櫚
植株		
果實		
種子		
種子盆栽		
催芽方法	水苔催芽法	麥飯石催芽法

藍棕櫚

蘋婆

Sterculia nobilis

Data /

科　名：錦葵科 (梧桐亞科)

別　名：鳳眼果

催芽方法：水苔催芽法

泡水時間：泡至種皮裂開，約
1～2 天

催芽時間：約 3～5 天

熟果季　□春 ☑夏 □秋 □冬

適合種植方式 ☑土耕 □水耕

種子保存　□可 ☑不可

即播型種子

蓋上蓋子　□可 ☑不可

照顧難易度　★★☆☆☆

日照強度　★★★★★

植物簡介

樹皮灰褐色，表面粗糙。

常綠喬木。

葉為單葉互生，嫩葉為紅色。

花為乳白至淡紅色，圓錐花序，雌雄同株。

果實為蓇葖果，幼果。

熟果。

盆栽輕鬆種

熟果
果皮為深紅色，種子外種皮為黑色。

1 去除果皮後，裡面為 1～3 顆不等的黑色
種子，種子白點是芽點。

2 泡到外種皮軟化脫落，種皮裂開，露出黃色種仁，約一至二天；每天換水，到了第二天，請捨棄浮在水面的種子。

3 種子擦乾後將裂開處朝下，放置水苔上後不要加蓋，等待出芽，約三～五天出芽，悶出約 1 ～ 2 公分的根，就可以土耕。

4 盆器放入九分滿的土，用夾子先戳一個小洞，根向下種植。

5 種子放置於土上，勿埋入土裡，葉子頗大，種子不要排太密，種子怕腐爛傷根，故不須蓋麥飯石，表面噴水兩三次即可。

6 成長過程中，可把種皮剝除，種仁比較不會爛掉。

7 當出芽不順利時，可用美工刀尖端劃開子葉。

8 順著種仁（子葉）的紋路切開，方便出芽。

9 約三週成長狀況，種仁容易爛，發現有發霉軟爛的，須儘快移除，避免影響其他植株生長。

10 約五週成長狀況。

11 約二個月成長狀況。

12 約六個月成長狀況。

突變白子葉。

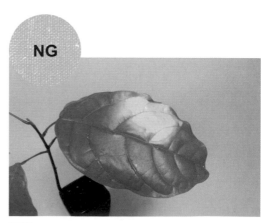

NG

晒傷。

小葉欖仁

Terminalia mantaly

Data /

科　名：使君子科

別　名：非洲欖仁、雨傘樹

催芽方法：水苔催芽法

泡水時間：3 天

催芽時間：約 1～2 個月

種子保存方法：種子連帶果實
陰乾後，常溫保存即可。

熟果季	□春 ☑夏	☑秋	□冬
適合種植方式	☑土耕	□水耕	
種子保存	☑可	□不可	
蓋上蓋子	☑可	□不可	
照顧難易度	★★★☆☆		
日照強度	★★★☆☆		

植物簡介

春天長嫩葉。

落葉喬木。

樹幹平滑直挺，樹皮灰褐色偶有白色斑塊。

葉為單葉互生，常數片簇生於枝端。

花淡綠色或淡黃綠色，穗狀花序，雌雄同株異花。

雄花與雌花同花序，雄花在花序的先端。

雌花在花序柄基部處。

熟果。

果實為核果，未熟果，雄花於落花後，花梗還在樹上的狀態。

熟果
果實為咖啡色，果皮、果肉乾掉為佳。

1 去除果皮纖維後，裡面種子為淺褐色。

2 用手剝除纖維，泡水三天，每天換水。到了
第三天，請捨棄浮在水面的種子。

3 種子擦乾，平放於水苔上，容器蓋上蓋子等
待發芽，約一～二個月出芽，長根後即可土
耕。

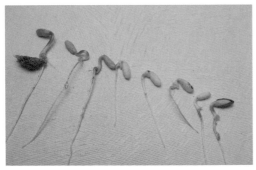

4 出芽後去殼或未去殼皆可種植。

5 盆器放入九分滿的土，用夾子先戳一個小
洞，根向下種植。

6 帶殼發芽的先從中間種起。

7 已脫殼的再分散平均種植於盆內。

8 子葉出土型。

9 種子間用麥飯石固定，以利土壤保溼，勿用麥飯石全部掩埋，以免種子爛掉，澆水澆透，之後二天澆水一次。

10 定植後七天成長狀況。

11 子葉展葉模樣，使君子科植物子葉展開時，像小綠玫瑰的感覺。

12 約十天成長狀況。

13 約二週成長狀況，從綠玫瑰轉為綠蝴蝶了。

14 約四週成長狀況，本葉展出。

15 約一年三個月成長狀況，要落葉前產生的紅葉。

16 約二年成長狀況。

缺水。

相 似 植 物 比 較

	小葉欖仁	欖仁
果實		
種子		
種子盆栽		
催芽方法	水苔催芽法	直接種植法

小葉欖仁

水黃皮

Pongamia pinnata

Data /

科　名	豆科（蝶形花亞科）
別　名	九重吹、水流豆
催芽方法	水苔催芽法
泡水時間	泡至種仁脹大或種皮脫落即可，約 3～7 天
催芽時間	約 7 天
種子保存方法	種子連帶果殼陰乾後，常溫保存即可。
有毒部位	種子及根部
熟果季	□春 □夏 ☑秋 ☑冬
適合種植方式	☑土耕 ☑水耕
種子保存	☑可 □不可
蓋上蓋子	☑可 □不可
照顧難易度	★★☆☆☆
日照強度	★★★★★

植物簡介

234

冬季落葉。

半落葉喬木。

樹幹直立，樹皮灰褐色，常有瘤狀小突起。

葉為一回奇數羽狀複葉，嫩葉為紅色。

花淡紫色，總狀花序，雌雄同株。

果實為莢果，未熟果（綠色）和熟果（咖啡色）。

盆栽輕鬆種

熟果
果皮為咖啡色。

1 去除果皮後，裡面為咖啡色種子 1～3 顆不等。種子有突起黑點，就是芽點。

2 種子泡水泡至膨脹（如右），約三～五天；每天換水，到了第三天，請捨棄浮在水面的種子。

3 種子擦乾，芽點朝下放於水苔上等待發芽，約七天出芽，悶出約 0.5～2 公分的根，即可土耕種植。

4 盆器放入九分滿的土，用夾子先戳一個小洞，根向下種植，由外向內排列，種子放置於土上，勿埋入土裡，葉子頗大，種子不要排太密。

5 種子間用麥飯石固定，以利保溼土壤，勿用麥飯石全部掩埋，以免種子爛掉，澆水兩三圈即可，之後二天澆水一次。

6 約三天成長狀況。

7 約七天成長狀況。

8 約二週成長狀況。

9 約四週成長狀況。

剝種皮種植

1 種子泡水泡至種仁膨脹、種皮裂開，約五～七天，每天換水，到了第三天，請捨棄浮在水面的種子。

2 將種皮去除乾淨。

3 種子擦乾，芽點朝下放於水苔上等待發芽，土耕需悶出 2 公分內的根，水耕的根需悶出 5 公分以上。

4 盆器放入九分滿的上，用夾子先戳一個小洞，根向下種植，葉子頗大，種子排列不要太密。

5 種子間用麥飯石固定，以利保溼土壤，勿用麥飯石全部掩埋，以免種子爛掉，澆水兩三圈即可，之後二天澆水一次。

6 定植約五天成長狀況。

水耕

約六週成長狀況。

白子與綠葉參半。
（麥飯石水耕）

7 約二個月成長狀況。

晚上會休眠。

NG

感染介殼蟲。

238

竹柏
Nageia nagi

Data /

科　名：羅漢松科

別　名：山杉、台灣竹柏

催芽方法：水苔催芽法

泡水時間：7 天

催芽時間：約 2 ～ 8 週

種子保存方法：果實去除假種皮，陰乾後，常溫保存即可。

熟果季　□春　□夏　☑秋　□冬

適合種植方式　☑土耕　☑水耕

種子保存　☑可　□不可

蓋上蓋子　☑可　□不可

照顧難易度　★☆☆☆☆

日照強度　★☆☆☆☆

竹柏

植物簡介

常綠喬木。

樹幹通直，樹皮光滑，黑褐色。

葉為單葉對生或近對生。

此為雌毬花，單生。花為黃白色，雌雄異株。

此為雄毬花，菜荑狀。

成熟種子。

裸子植物，種子為
球形，未熟種子。

盆栽輕鬆種

成熟種子
種子為綠黃色或咖啡色帶白粉狀。

芽點

1 去除假種皮後，裡面為咖啡色水滴狀種子，
種子尖端處是芽點。

2 要去除假種皮時，可以用美工刀從種子中間劃下淺淺的一刀。

3 用手即可剝除。

4 泡水七天，每天換水，到了第三天，浮在水面的種子請捨棄。

5 若七天內種子有裂，就可先取出，尖端朝下放置於水苔催芽。種子泡水最多以七天為限，泡太久，種仁容易爛掉。

6 種子擦乾芽點朝下，平放於水苔上，容器蓋上蓋子等待發芽，約二～八週內出芽，長出白色的根與綠色的莖後，再移植。

7 盆器放入九分滿的土，用夾子先戳一個小洞，根向下種植，種子由外向內排列，勿埋入土裡。

竹柏

8 種子間用麥飯石固定，以利保溼土壤，勿用麥飯石全部掩埋，以免種子爛掉，澆水澆透，之後二天澆水一次。

9 約二週成長狀況，子葉出土型。

10 約四週成長狀況。

子葉

11 有些種子本身會自行脫落硬質內種皮與子葉。

12 無法脫落的種子，可一手握莖一手握種子，握種子的手輕輕左右轉，子葉就會脫離了。

13 幫助脫皮後，就可以讓本葉順利展葉。

14 約七週成長狀況。

15 約二個月成長狀況，初展葉的葉子顏色淺綠。

16 約四個月成長狀況，脫皮後約二週左右，葉子顏色會由淺綠轉深綠。

17 約十個月成長狀況。

18 約一年成長狀況。

19 約二年成長狀況。

水耕

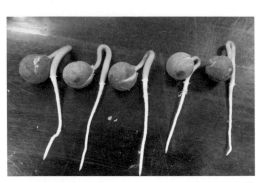

1 竹柏悶芽長約 5 公分，可用陶土劍山水耕
種植。

2 陶土劍山裡，放少許溼水
苔，將根置入劍山中。

NG

3 水盤裡僅需要少許的水即可。

悶芽時，遇到只長莖不長根的竹
柏，請捨棄。

缺水。

水太多爛根，莖會變黑。

板栗
Castanea mollissima

Data /

科　名	殼斗科
別　名	栗子、中國板栗
催芽方法	水苔催芽法
泡水時間	7 天
催芽時間	約 1～2 週
熟果季	□春 □夏 ☑秋 ☑冬
適合種植方式	☑土耕 ☑水耕
種子保存	□可 ☑不可
	即播型種子
蓋上蓋子	□可 ☑不可
照顧難易度	★★★★★
日照強度	★★★★★

板栗

植物簡介

落葉喬木。

莖為暗灰色具皮孔，不規則深裂，有縱溝。

單葉互生。

花白色，雌雄同株異花。雌花長在雌雄花均有之混合花序裡。

雄花為柔荑花序。

熟果。

果實為堅果，未熟果。

盆栽輕鬆種

熟果
深綠色或咖啡色果皮裂開。

柱頭↓
芽點↑

1 去除果皮後，裡面種子為咖啡色，約 1～3 顆不等，種子尖端處是柱頭，柱頭下才是芽點。

2 泡水前將種子尖端的柱頭剪齊，約泡水七天，每天換水，到了第三天，請捨棄浮在水面的種子。

3 種子擦乾芽點朝下，放於水苔上等待發芽，約一～二週出芽，悶出約 2 公分的根再移植。

4 盆器放入九分滿的土，用夾子先戳一個小洞，根向下種植，種子勿埋入土裡，由於葉子頗大，種植時以少顆單株為主。

5 種子間用麥飯石固定，以利保溼土壤，勿用麥飯石全部掩埋，以免種子爛掉，澆水澆透，之後二天澆水一次。

6 定植二週成長狀況。

7 約三週成長狀況。

8 約四週成長狀況，種皮若被種仁撐破，即可去除。

9 植株太高可以用膠帶黏合交接處塑型，美化盆栽。

10 約二個月成長狀況。

11 約四個月成長狀況。

12 約六個月成長狀況。

水耕

13 約八個月成長狀況。

約二個月成長狀況。

蜘蛛百合

Hymenocallis speciosa

Data /

科　名：石蒜科	
別　名：螯蟹花、蜘蛛蘭	
催芽方法：水苔催芽法	
泡水時間：7天	
催芽時間：約2～3週	
熟果季　□春　□夏　☑秋　□冬	
適合種植方式　☑土耕　☑水耕	
種子保存　□可　☑不可	
即播型種子	
蓋上蓋子　☑可　□不可	
照顧難易度　★☆☆☆☆	
日照強度　★☆☆☆☆	

植物簡介

多年生草本植物，葉為基生，葉狹長線形，向四面生長且略彎曲。地下莖球形而粗大，外被褐色薄片。

聚繖花序，雌雄同株。

249

花白色。

果實為蒴果，熟果。

盆栽輕鬆種

熟果
果殼為咖啡色。

1 去除果皮後，種子為綠色，紅點為芽點。

2 種子泡水七天，每天換水。種子會浮起來，
可用重物將它下壓，確實泡到水。

3 種子擦乾芽點朝下，放於水苔上，容器蓋上
蓋子等待發芽，約二～三週內出芽，出芽約
2 公分即可種植。

4　盆器放入九分滿的土，用夾子先戳一個小
　　洞，根向下種植土耕。

5　種子具觀賞價值，若種子多可以種滿盆較
　　優；若種子少的，可將種子集中放置於盆器
　　中央，用麥飯石固定，讓種子露出來。澆水
　　澆透，之後二天澆水一次。

6　約四週成長狀況。

7　約三個月成長狀況。

水耕

8　約十個月成長狀況。

NG

種子養分耗盡，萎縮後可去除，不會影響植
株生長。

相 似 植 物 比 較

	蜘蛛百合	文珠蘭
植株		
種子		
種子盆栽		
催芽方法	水苔催芽法	直接種植法

鳳凰木
Delonix regia

Data /

科　名：豆科（蘇木亞科）

別　名：紅花楹樹、紅影樹

催芽方法：水苔催芽法

泡水時間：泡至種子膨脹或種皮脫皮即可，約 5 ～ 7 天。

催芽時間：約 1 ～ 2 週

種子保存方法：種子連帶果殼陰乾後，常溫保存即可。

有毒部位：花及種子

熟果季　□春　☑夏　☑秋　□冬

適合種植方式　☑土耕　□水耕

種子保存　☑可　□不可

蓋上蓋子　□可　☑不可

照顧難易度　★★★☆☆

日照強度　★★★★★

植物簡介

落葉喬木。

樹幹粗狀光滑，灰褐色，樹幹基部偶出現板根。

253

葉為二回偶數羽狀複葉，有羽狀托葉。

花為紅色，總狀或圓錐花序，雌雄同株。

果實為莢果，未熟果。

熟果。

盆栽輕鬆種

熟果
果莢為黑色。

1 去除果莢後，裡面種子為灰白色，種子上的黑點是芽點。

2 種子泡水約五～七天，至膨脹或種皮脫皮即可，每天換水，到了第三天，請捨棄浮在水面的種子。

3 種子擦乾，芽點朝下放於水苔上，等待發芽。

種子若有腐爛，盡快捨棄。

4 約一～二週出芽，悶出 0.5 ～ 2 公分的根，即可土耕。

5 盆器放入九分滿的土，用夾子先戳一個小洞，根向下種植，種子勿埋入土裡，羽狀複葉的樹種，葉子很多，種子不要排太密。

6 種子間用麥飯石固定，以利保溼土壤，勿用麥飯石全部掩埋，以免種子爛掉，澆水兩三圈即可，之後二天澆水一次。

7 約三天成長狀況，子葉出土型。

8 約二週後成長狀況。

9 約五週後成長狀況。

10 約二個月成長狀況。

11 約五個月成長狀況。

12 約八個月成長狀況。

夜晚睡眠運動。

穗花棋盤腳

Barringtonia racemosa

Data /

科 名	玉蕊科
別 名	水茄苳、水貢仔
催芽方法	水苔催芽法
泡水時間	7 天
催芽時間	約 3 ～ 4 週
種子保存方法	種子帶纖維質，陰乾後，常溫保存即可。
熟果季	□春 □夏 ☑秋 ☑冬
適合種植方式	☑土耕 ☑水耕
種子保存	☑可 □不可
蓋上蓋子	☑可 □不可
照顧難易度	★★☆☆☆
日照強度	★★★☆☆

植物簡介

常綠喬木。

莖是直立，樹皮綠褐色有瘤狀凸起。

257

葉為單葉互生，嫩葉為紅色。

白色的花，花有粉紅、粉色及白色等，總狀花序，雌雄同株。

粉紅色的花。

粉色的花。

果實為核果，幼果。

近熟果，熟果為淺咖啡色。

熟果
果實為淺咖啡色。

1 穗花棋盤腳為海漂植物,種子被纖維質包覆,果梗對面尖端處是芽點。

2 果實完整漂亮的,可先將果梗修掉,帶纖維悶芽。

3 尾部芽點部分,用剪刀慢慢修剪,可以約略看到一點種仁的顏色為佳。新鮮的種仁顏色為乳白色,若顏色為黑色或咖啡色,便可先行淘汰。

4 種子泡水七天,每天換水。纖維質會讓果實浮起來,需用重物將它下壓。

5 種子擦乾後芽點朝下,放置於水苔上,容器蓋上蓋子,等待發芽。

穗花棋盤腳

6 大概三～四週出芽，悶出約 2 公分的根即可土耕。盆器放入九分滿的土，用夾子先戳一個小洞，根向下種植，種子放置於土上，勿埋入土裡。

7 種子間用麥飯石固定，以利保溼土壤，勿用麥飯石全部掩埋，以免種子爛掉，澆水澆透，之後二天澆水一次。

8 定植後，約三週略出芽的成長狀況。

9 約五週成長狀況，初長的莖是紅色的。

嫩葉紅色帶光澤，會慢慢轉為綠葉，方可行光合作用，提供植物養分。

10 約六週成長狀況。

11 約二個月成長狀況。

12 它為多芽點的植株，養份一分為多，比較不會有長得太高的現象。

13 約四個月成長狀況。

14 約八個月成長狀況。

15 約二年成長狀況。

水耕

約三個月成長狀況。　　約八個月成長狀況。（水苔耕）

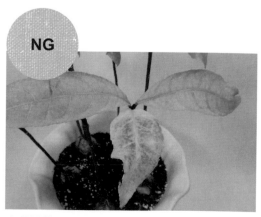

NG

水多黃葉。

蘇鐵

Cycas revoluta

Data /

科　名	蘇鐵科
別　名	鐵樹、鳳尾蕉
催芽方法	水苔催芽法
泡水時間	14 天
催芽時間	約 3 ～ 12 個月
種子保存方法	種子連帶假種皮陰乾後，常溫保存即可。
有毒部位	種子
熟果季	□春 □夏 ☑秋 ☑冬
適合種植方式	☑土耕 □水耕
種子保存	☑可 □不可
蓋上蓋子	☑可 □不可
照顧難易度	★☆☆☆☆
日照強度	★★★★☆

植物簡介

常綠灌木。

主幹粗大，黑褐色，全株密被遺留的葉柄殘痕。

葉為羽狀複葉。

花為米色，毬果花頂生，雌雄異株，此為雄毬
花。

此為雌毬花。

裸子植物，種子為水滴狀，成熟種子。

盆栽輕鬆種

成熟種子
種子為紅色。

1 去除紅色假種皮後，裡面為水滴狀米色種
子，種子圓胖的一端是芽點。

2 泡水十四天，每天換水，到了第三天，請捨
棄浮在水面的種子。種子擦乾芽點朝下或平
放於水苔上，容器蓋上蓋子，等待發芽。

3 約三～十二個月出芽，長出白色的根與綠色
的莖，再移植。

4 盆器放入九分滿的土，用夾子先戳一個小
洞，根向下種植，種子放置於土上，勿埋入
土裡，葉子頗大，種子以單株或少量為主要
種植方式。

5 鋪一層薄薄麥飯石，讓土與種子隔離以利保
溼土壤，且種子不易腐爛，澆水澆透，之後
二天澆水一次。

6 約四週成長狀況。

7 初生嫩葉有可愛的睫毛刷模樣。

8 約七週成長狀況。

開始展葉模樣。

9 約四個月成長狀況。

10 約一年成長狀況。

11 約三年成長狀況。

POINT

建議蘇鐵一年後換盆,先將麥飯石倒出,就可以看到長大的球莖部分。

將球莖種於表土上,鋪一層薄薄麥飯石,讓土與球莖隔離,避免爛莖。球莖除了有觀賞價值外,更可讓葉子順利展開。

相 似 植 物 比 較

	蘇鐵	台東蘇鐵	美葉蘇鐵
種子			
種子 （去除假 種皮）			

蘇鐵（右）+ 台東蘇鐵（左）比較圖

種子 盆栽			
催芽 方法	水苔催芽法		

青剛櫟

Querces glauca

Data /

科　名	殼斗科
別　名	白校欑、九斬
催芽方法	水苔催芽法
泡水時間	7 天
催芽時間	約 7 天
熟果季	□春　□夏　□秋　☑冬
適合種植方式	☑土耕　☑水耕
種子保存	□可　☑不可
	即播型種子
蓋上蓋子	☑可　□不可
照顧難易度	★☆☆☆☆
日照強度	★☆☆☆☆

青剛櫟

植物簡介

常綠喬木。

莖為淡灰色，具灰白色斑塊，略光滑，不明顯縱向細裂紋。

葉為單葉互生，嫩葉為紅色。

花為黃綠色，雄花呈葇黃花序，雌花穗狀花序，雌雄同株異花，此為雄花。

果實為堅果，未熟果。

熟果。

盆栽輕鬆種

熟果
果實為綠色或咖啡色。綠色果實約過二～三天後會慢慢轉為咖啡色。

芽點

柱頭

1 將殼斗剝除，種子尖端處是芽點。

2　泡水前將尖端處柱頭剪掉。泡水七天，每天換水，到了第三天，請捨棄浮在水面的種子，種子泡水會開裂屬正常現象。

3　種子擦乾芽點朝下，放於水苔上，容器蓋上蓋子，等待發芽。

4　約七天出芽，土耕發芽約 1～2 公分即可，水耕發芽約 5 公分方能種植。

5　盆器放入九分滿的土，用夾子先戳一個小洞，根向下種植，種子放置於土上，勿埋入土裡。

6　種子間用麥飯石固定，以利保溼土壤，勿用麥飯石全部掩埋，以免種子爛掉，澆水澆透，之後二天澆水一次。

7　定植後約七天成長狀況。

8 約二週成長狀況。

出生嫩葉與莖被毛。

9 約四週成長狀況。

10 約九週成長狀況。

11 約三個月成長狀況。

悶出的根若是黑的，也可繼續
養根，不會停止生長。

水耕

約三個月成長狀況，種殼可以
去除，不影響生長。

NG

種植過密、通風不良。

栓皮櫟

Quercus variabilis

Data /

科　名	殼斗科
別　名	軟木櫟、粗皮櫟
催芽方法	水苔催芽法
泡水時間	7 天
催芽時間	約 7 天
熟果季	□春 □夏 □秋 ☑冬
適合種植方式	☑土耕 □水耕
種子保存	□可 ☑不可
	即播型種子
蓋上蓋子	☑可 □不可
照顧難易度	★☆☆☆☆
日照強度	★☆☆☆☆

栓皮櫟

主幹樹皮深灰褐色，呈不規則縱向深溝裂。

落葉喬木。

葉為單葉互生，葉緣呈鋸齒狀。

花為黃綠色，雌雄同株異花。此為雄花荑黃花序，黃綠色，雌花單生。

果實為堅果，熟果。

熟果。

盆栽輕鬆種

熟果
果實為綠色或咖啡色，綠色果實約過二～三天後，會慢慢轉為咖啡色。

芽點

柱頭

1 將殼斗剝除，種子尖端處是柱頭，柱頭下是芽點。

2 將種子柱頭剪掉，泡水七天，每天換水，到了第三天，請捨棄浮在水面的種子。

3 種子擦乾芽點朝下，放置於水苔上，容器蓋上蓋子，等待發芽，約七天出芽，出芽約 1 公分即可種植。

4 盆器放入九分滿的土，用夾子先戳一個小洞，根向下種植土耕。

5 種子間用麥飯石固定，以利保溼土壤，勿用麥飯石全部掩埋，以免種子爛掉，澆水澆透，之後二天澆水一次。

6 約二週成長狀況。

7 約四週成長狀況。

8 約一個半月成長狀況。

9 約三個月成長狀況。

10 約四個月成長狀況。

11 約五個月成長狀況。

12 約六個月成長狀況。

13 約八個月成長狀況。

工具

①熱熔膠槍、②尖嘴鉗、③圓嘴鉗、④鑷子、⑤花剪、⑥小剪刀、⑦立可白。

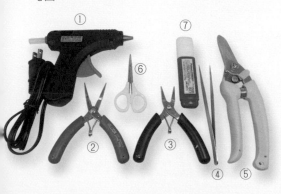

材料

①栓皮櫟的殼斗 1 個、②小西氏石櫟堅果 1 個、③大花紫薇果實（未開裂）1 個、④台灣棒花蒲桃果實 2 個、⑤薏苡 2 個、⑥6mm 塑膠眼珠 2 個、⑦ 1.5mm 鋁線 *3.5cm*2 條、⑧細麻繩 11cm*1 條、⑨圓木片一片。

1 腳的部分
麻繩的頭尾打一個結，拉
緊後剪掉多餘的部分。

2 打結的麻繩頭尾與台灣棒
花蒲桃作黏合。（台灣棒
花蒲桃果實上有突尖，可
以修剪平整，方便與麻繩
做黏合）

3 完成腳的部分後，將麻繩取
中心點黏貼於木片上固定，
接著將未開裂的大花紫薇
果梗用花剪剪除，黏於麻
繩上當身體。

4 頭的部分
栓皮櫟的殼斗選一個完整
的面，將熱熔膠點於內側
與小西氏石櫟做黏合，接
著黏貼上塑膠眼睛，用立
可白畫上微笑的嘴巴。

5 於大花紫薇的花萼上點熱
熔膠，就完成頭部與身體
的黏合。

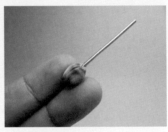

6 手的部分
用斜口鉗夾除薏苡內的花
序軸，於薏苡的洞口點上
熱熔膠後插入鋁線。

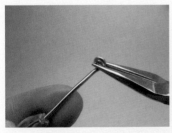

7 另一端用圓嘴鉗先彎出一
個小圈，之後夾住小圈轉
90度角讓小圈與薏苡平
行，分別完成兩隻手的組
合。

8 完成手的部分後，先試著
擺在身體上調整彎曲角度，
於鋁線的小圈點上熱熔膠，
再與身體做黏合。

9 可愛的大小櫟娃娃組合即
完成。

聖誕椰子
Veitchia merrillii

Data /

科　名：棕櫚科

別　名：馬尼拉椰子、口紅椰子

催芽方法：水苔催芽法

泡水時間：7 天

催芽時間：約 3 週

熟果季　□春　□夏　☑秋　☑冬

適合種植方式　☑土耕　☑水耕

種子保存　□可　☑不可

即播型種子

蓋上蓋子　☑可　□不可

照顧難易度　★☆☆☆☆

日照強度　★☆☆☆☆

植物簡介

常綠喬木，葉為羽狀複葉。

樹幹單一且修直，灰白色，
環狀紋路不明顯。

花黃白色，穗狀花序，雌雄同株異花。

果實為核果，幼果。

近熟果。

熟果（紅色）。

盆栽輕鬆種

熟果
果實為紅色。

1 去除果皮、果肉後，種子帶纖維，請保留。種子兩頭尖，黑點處硬實，另一端才是芽點。

芽點

2 泡水約七天,每天換水,到了第三天,請捨棄浮在水面的種子。去除果皮、果肉時若皮膚容易過敏發癢,請戴手套。

3 將種子擦乾,芽點朝下,放在水苔上,容器蓋上蓋子,等待發芽,約三週出芽。

4 主根:粉紅色粗根。副根:白色細根。莖:淺綠色。果實的纖維若不美或完整,亦可去除(如左圖)。

5 定植時若主根與副根不同側,可將副根修剪掉。

6 盆器放入九分滿的土,種子芽點朝下,由外向內排列種植,種子放置於土上,勿埋入土裡。種子具有觀賞價值,要密集種植時,若無空間可不放麥飯石。澆水澆透,之後二天澆水一次即可。

7 定植後約四週成長狀況。

8 約六週成長狀況。

9 約三個月成長狀況。

10 約四個月成長狀況。

11 約五個月成長狀況。

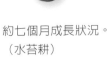

約三個月成長狀況。

約七個月成長狀況。
（水苔耕）

約四個月成長狀況。
（麥飯石水耕）

棕櫚科根系較粗，土耕、水耕、水苔耕、麥飯石水耕及疊疊樂均可，有不同的姿態展現。

NG

光線不足，葉色不均勻。

聖誕椰子

感染紅蜘蛛。

水分不足及澆水不均勻導致。

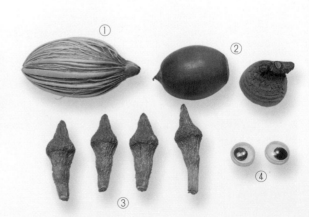

家中若有小小的緞帶，也可以幫娃娃打個蝴蝶結，增添活潑感。

種子 DIY

黑美人娃娃

·工具·

①熱熔膠槍、②立可白、③鑷子、④花剪。

·材料·

①聖誕椰子果實 1 個、②青剛櫟堅果與殼斗各 1 個、③大葉桉乾燥花苞 4 個、④ 6mm 塑膠眼珠 2 個。

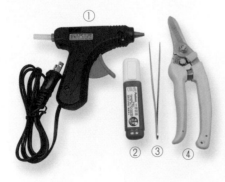

1 頭的部分
將青剛櫟柱頭處略修平整。

2 將青剛櫟分離的殼斗與堅
果黏合為一。

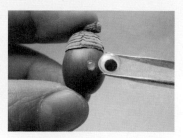

3 青剛櫟取一正面，點上熱熔
膠後將塑膠眼珠黏貼上去。

4 用立可白畫上微笑的嘴巴。
（青剛櫟表面光滑，若畫
的不好，可以用衛生紙擦
掉，不用擔心技術不佳）

5 身體部分
將聖誕椰子的纖維向外翻
起，略看到種子即可，不
用全部分離。

6 果實尖硬的一端用花剪略
剪平整，接著點上熱熔膠
將頭部黏貼上去。

7 將大葉桉黏在聖誕椰子兩
側分別當作手跟腳。

8 腳部可黏於聖誕椰子纖維
內側的果實上。

9 娃娃完成模樣。

苦楝
Melia azedarach

Data /

科　名	楝科
別　名	苦苓、楝樹、紫花樹
催芽方法	水苔催芽法
泡水時間	7天
催芽時間	約2～3週
種子保存方法	果實帶果皮、果肉陰乾後，常溫保存。
有毒部位	根、莖皮及成熟果實。
熟果季	□春　□夏　□秋　☑冬
適合種植方式	☑土耕　□水耕
種子保存	☑可　□不可
蓋上蓋子	☑可　□不可
照顧難易度	★☆☆☆☆
日照強度	★★★★★

植物簡介

樹幹通直，樹皮暗褐色，縱裂。

落葉大喬木。

葉為二～三回奇數羽狀複葉。

花淡紫色偶見白色，圓錐花序，雌雄同株。

果實核果，近熟果。

熟果。

盆栽輕鬆種

熟果
果實呈黃色。

1 去除果皮、果肉後，果核為米色，果核裡面種子有 6 顆。

2 泡水七天，每天換水，到了第三天，請捨棄
　浮在水面的果核。

3 果核擦乾，橫放於水苔上，容器蓋上蓋子，
　等待發芽，約七天出芽，1個果核就有6棵
　植株，出芽約1公分，將果核剝除，取出
　種子，即可土耕種植。

4 盆器放入九分滿的土，用夾子先戳一個小
　洞，根向下種植，羽狀複葉的樹種葉子較
　多，種子排列不要太密。

5 蓋上少許麥飯石後，用手指略壓一下，讓種
　子與麥飯石密合，澆水澆透，之後二天澆水
　一次即可。

6 定植後約三天成長狀況，子葉出土型。

7 約八天成長狀況。

8 約二週成長狀況。

9 約四週成長狀況。

10 約六週成長狀況。

11 約三個月成長狀況。

12 約一年成長狀況。

感染紅蜘蛛。

月桃
Alpinia zerumbet

Data /

科　名	薑科
別　名	豔山薑、玉桃
催芽方法	高溫催芽法
泡水時間	5天
催芽時間	約2～4週
種子保存方法	果實去除果殼後，種子常溫保存。
熟果季	□春 □夏 ☑秋 ☑冬
適合種植方式	☑土耕 □水耕
種子保存	☑可 □不可
蓋上蓋子	☑可 □不可
照顧難易度	★☆☆☆☆
日照強度	★☆☆☆☆

植物簡介

多年生常綠草本，單葉互生，葉鞘環包覆的是假莖；真正的莖位於地下，屬地下莖，似薑。

花為唇瓣鮮黃色、有紅色條斑。

圓錐花序，雌雄同株，花為唇瓣鮮黃色，有紅
色條斑。

果實為蒴果，未熟果。

熟果。

盆栽輕鬆種

熟果
果莢為紅色。

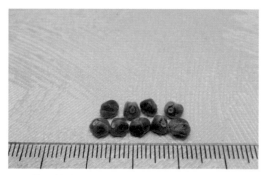

1 將果莢去除後，再把白色假種皮去除，種子
為黑色。

2 泡水將白色薄膜去除，約三天。

3 泡水後，用 100 度熱水浸泡 1 分鐘，然後換冷水浸泡二天。

4 盆器放入九分滿的土，種子芽點朝下或平放於土上。

5 蓋上少許麥飯石後，用手指略壓一下，讓種子與麥飯石密合，澆水澆透，之後二天澆水一次即可。

6 種植後約四週成長狀況。

7 約五週成長狀況。

8 約六週成長狀況。

9 約二個月成長狀況。

10 約三個月成長狀況。

11 約六個月成長狀況。

水多、通風不良。

相 似 植 物 比 較

	月桃	山月桃
果實		
種子		
種子盆栽		
催芽方法	高溫催芽法	泡水催芽法

PART5 ｜ 高溫催芽法

射干
Belamcanda chinensis

Data /

科　名	鳶尾科
別　名	鐵扁擔、尾蝶花
催芽方法	低溫催芽法
泡水時間	7 天
冷藏時間	約 2 個月出芽
種子保存方法	常溫保存
有毒部位	全株
熟果季	□春 ☑夏 ☑秋 □冬
適合種植方式	☑土耕 □水耕
種子保存	☑可 □不可
照顧難易度	★☆☆☆☆
日照強度	★★★★★

射干

植物簡介

多年生草本。

葉為單葉互生，莖直立；綠色實心的草質莖。

花為橙紅色，花瓣上有斑
點，總狀花序，雌雄同株。

熟果。

果實為蒴果，未熟果。

盆栽輕鬆種

熟果
咖啡色果莢裂開。

1 去除果莢後，裡面黑色種子數顆。

2 種子有一層光亮薄膜，泡水時要用手搓揉去
除，不然種子會浮在水上。三天內種子要下
沉才能種植，總共泡水七天。

3 擦乾種子放入夾鏈袋內，放置冰箱冷藏最上
層。

4 約二個月左右種子就會陸續發芽，少數發芽就可以全部拿出來種。

5 盆器放入九分滿的土，種子芽點朝下，由外向內排列於土上。

6 蓋上少許麥飯石後用手指略壓一下，讓種子與麥飯石密合，澆水澆透，之後二天澆水一次即可。

7 定植後約十五天成長狀況。

8 約二週成長狀況。

9 約三週成長狀況。

10 約一個月成長狀況。

11 約二個月成長狀況。

12 約三個月成長狀況。

13 約四個月成長狀況。

NG

水少垂葉。

水多黃葉。

梅
Prunus mume

Data /

科　名	薔薇科
別　名	梅仔、梅花、白梅
催芽方法	低溫催芽法
泡水時間	7 天
催芽時間	約 1～2 個月陸續破殼發芽
種子保存方法	果實清除果皮、果肉，常溫保存即可。
熟果季	☑春 □夏 □秋 □冬
適合種植方式	☑土耕 □水耕
種子保存	☑可 □不可
照顧難易度	★★★☆☆
日照強度	★★★★★

梅

落葉喬木。

老莖樹皮深褐色，龜裂並有脫皮現象。

葉為單葉互生。

花白色、粉色、黃色均有,單花,雌雄同株。

果實為核果,未熟果。

近熟果。

熟果。

盆栽輕鬆種

熟果
果實為黃色。

1 去除果皮、果肉,裡面種子的種殼為淺咖啡
色,種子尖端處是芽點。

2 若果肉還很硬，可放入塑膠袋中，噴點水，放置在陽光下，悶到果皮爛了為止。直接在袋中將果皮與種子分離。

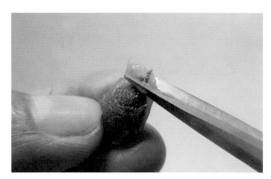

3 從袋中取出種子先稍微清洗，再將種子尖端處用剪刀修平。

4 接著將種子放入細的洗衣網袋中，在水龍頭底下搓揉去除多餘的果皮。

5 清除果皮後泡水。每天換水，到了第三天，請捨棄浮在水面的種子。

6 先將廚房紙巾噴微溼後包入種子，再放進夾鏈袋中密封，整包放置冰箱冷藏。

7 約一～二個月陸續在冰箱內出芽。

8 先將種殼剝除，盆器放入九分滿的土，用夾子先戳一個小洞，根向下種植，種子由外向內排列。

9 種子間用麥飯石固定，以利保溼土壤，勿用麥飯石全部掩埋，以免種子爛掉，澆水澆透，之後二天澆水一次。

PART6｜低溫催芽法

10 定植後約七天成長狀況，植株向光性強，須適時調整盆器方向。

11 約一個月成長狀況。

12 約二個月成長狀況。

13 約四個月成長狀況。

14 約八個月成長狀況。

《種子盆栽真有趣》、《種子盆栽超好種》收錄物種總索引

植物名稱	熟果季 / 適植季				催芽方法	發芽時間	頁碼
	春	夏	秋	冬			
柚			●	●	夾鏈袋	約 7 天	P.56
梅	●				變溫（低溫）	約 1-2 個月	P.297
荷		●	●		破殼	約 7 天	P.112
月桃			●	●	變溫（高溫）	約 2-4 週	P.288
月橘（七里香）	●				夾鏈袋	約 1-2 週	P.83
玉米	●	●	●	●	直接種植	約 3 天	《真有趣》P.66
甘藷（地瓜）	●	●	●	●	無性繁殖	-	《真有趣》P.53
竹柏			●		水苔	約 2-8 週	P.239
芒果		●			破殼	約 1-2 週	P.116
咖啡	●			●	夾鏈袋	約 1-2 週	P.91
板栗			●	●	水苔	約 1-2 週	P.245
枇杷	●				水苔	約 5 天	P.176
林投		●	●		直接種植	約 4 週	《真有趣》P.142
花生（土豆）		●		●	泡水	約 5 天	《真有趣》P.162
青楓		●		●	泡水	約 7 天	《真有趣》P.224
洋蔥	●	●	●	●	無性繁殖	-	《真有趣》P.56
流蘇		●	●		夾鏈袋	約 14-16 週	P.43
紅楠（豬腳楠）		●			水苔	約 2-3 週	P.191
苦楝（苦苓）			●		水苔	約 2-3 週	P.284
茄苳（重陽木）			●	●	直接種植	約 7 天	《真有趣》P.121
射干		●	●		變溫（低溫）	約 2 個月	P.293
荔枝		●			破殼	約 1-2 週	P.124
楊桃		●		●	泡水	約 3-4 週	《真有趣》P.246
楊梅（樹梅）		●			水苔	約 10-18 個月	P.196
楓香			●	●	直接種植	約 1-2 週	《真有趣》P.126
酪梨		●	●		水苔	約 2-3 週	P.200
福木		●	●		水苔	約 2-3 週	P.206
蒲桃		●			泡水	約 2 週	《真有趣》P.197
銀杏			●	●	破殼	約 2-4 週	P.141
鳳梨	●	●	●	●	無性繁殖	-	《真有趣》P.60
緬梔（雞蛋花）		●	●		直接種植	約 1-2 週	《真有趣》P.111
龍眼		●			破殼	約 1-2 週	P.129
薜荔			●	●	直接種植	約 1-2 週	《真有趣》P.93

種子盆栽總索引

* 書中所指的四季是依氣溫的變化來斷定，依國曆季節變化分為：春天 : 3、4、5 月 / 夏天 : 6、7、8 月 /
秋天 : 9、10、11 月 / 冬天 : 12、1、2 月

種
子
盆
栽
總
索
引

國家圖書館出版品預行編目 (CIP) 資料

種子盆栽超好種：夾鏈袋催芽法╳破殼催芽法╳
水苔催芽法╳變溫催芽法－Seed bonsai/張琦雯、
傅婉婷作；一初版．一台中市 ： 晨星出版有限
公司，2022.04 面； 公分．一（自然生活家
；46)
ISBN 978-626-320-081-4（平裝）

1.CST: 盆栽 2.CST: 園藝學

435.11   111000478

詳填晨星線上回函
50 元購書優惠券立即送
（限晨星網路書店使用）

自然生活家046

種子盆栽超好種 夾鏈袋催芽法╳破殼催芽法╳水苔催芽法╳變溫催芽法

作者	張琦雯、傅婉婷
主編	徐惠雅
執行主編	許裕苗
版型設計	許裕偉

創辦人　陳銘民
發行所　晨星出版有限公司
　　　　台中市 407 工業區三十路 1 號
　　　　TEL：04-23595820　FAX：04-23550581
　　　　E-mail：service@morningstar.com.tw
　　　　http：//www.morningstar.com.tw
　　　　行政院新聞局局版台業字第 2500 號
法律顧問　陳思成律師
初版　西元 2022 年 04 月 06 日

總經銷　知己圖書股份有限公司
　　　　106 台北市大安區辛亥路一段 30 號 9 樓
　　　　TEL：02-23672044 / 23672047　FAX：02-23635741
　　　　407 台中市西屯區工業 30 路 1 號 1 樓
　　　　TEL：04-23595819　FAX：04-23595493
　　　　E-mail：service@morningstar.com.tw
　　　　網路書店 http://www.morningstar.com.tw
讀者服務專線　02-23672044 / 23672047
郵政劃撥　15060393（知己圖書股份有限公司）
印刷　上好印刷股份有限公司

定價 550 元
ISBN 978-626-320-081-4